閃電式開發：
站在風口上贏得市場，
從 0 到 100 億的創業黃金公式

Xdite 鄭伊廷

為什麼要分享「閃電式開發」經驗？

　　如何開發產品，如何籌建團隊，如何做好產品細節。在網路上可以找到很多專業演講與建議。但是將一個企業，完整從 0 做到 1，從 1 做到50，甚至在風口上打下江山，市面上卻沒有適合的指南。

　　在創業圈中，每天都有很多程式設計師辭職創業，甚至取得豐厚啟動資金。但是大多數開發高手或產品經理，都在種子期因為各式各樣原因死掉了。反倒有時一些不懂寫程式碼的創業者，或者是半路出家自學程式的創業家，在風口上誤打誤撞，卻把公司做起來了，甚至迅速成長，令人百思不得其解。

　　精心打造的軟體，一推出就迅速死亡。破破爛爛的軟體，卻意外大受歡迎，甚至業績扶搖直上變成獨角獸。這是創業圈一再看到的怪事，難道這一切只能歸咎運氣？

　　網路上說的「Do Things Don't Scale」、「打造 Minimal Viable Product」、「Fake it till you make it」似乎說得頭頭是道，但是實際執行，又不是這麼一回事。究竟軟體時代，要怎麼樣打造一款能夠大受歡迎的產品？大家都想知道答案。

———

十年來累積的產品開發黃金公式

　　我第一次架設網站是 1998 年的時候（當時 15 歲），嚴格來說，當時並不是架設網站（WWW），而是架設 BBS。開發新功能、經營站務，當時就讓我深深著迷。我原本的人生軌跡並不是成為一個工程師。但在此之後，我人生的願望就變成了：未來成為一個軟體創業者，創辦一個許多人用的平臺服務。

自 2006 年出社會以來，我就一直往這個目標前進。從不懂程式碼，到自學程式碼架設出人生中第一個網站。從程式設計師菜鳥自我鍛煉到被稱為軟體業大神。從只懂寫程式碼的工程師，辭職出來創業，第一次創業失敗到後面的連續創業成功。

直到這幾年連續創業的三個事業，年 GMV (Gross Merchandise Volume 網站成交金額）超過 100 億人民幣。

十年來一系列的經驗，讓我摸索出一套「產品開發黃金公式」。

我帶領的小小團隊（不超過 20 人的軟體業菜鳥），甚至在連續三次的風口底下，不僅能在風口裡面，用極短時間開發出產品順利切入，還在風口上取得行業領先地位。

這十年來，我自己踩過各式各樣的坑。

- 最早之前，我以為我做不成軟體是因為程式碼寫得太差，於是跑去精進程式碼。
- 將程式碼能力練得登峰造極之後，卻發現程式碼厲害還不夠，團隊協作才是有效產出產品關鍵，於是我又去精研專案管理。
- 當我將流程理得極順之後，卻發現流程順暢與產品是否暢銷沒太大關係，於是我去研究成長駭客。
- 我發現成長駭客技術，雖然可以促進公司業績。但是比起風口上的公司，成長速度還是差強人意。所以我再去研究什麼樣的創業題目才能夠高成長。

這一路走來，我發現以程式設計師的角度去看軟體創業這件事，很多時候業界原始的假想與共識都是錯的。在這當中我吃了很多悶虧，但也讓我也不斷積極研究怎麼到達軟體業的聖杯：

> **「在風口上做出正確的創業題目，並且順利產出專案並取得高成長」**

而這本書，就是這一切問題的解答。

========

走不一樣的路，提高你的勝率

與此同時，我也有一個寫了十年的軟體創業部落格。裡面的許多內容，都是這段時間的累積。隨著不同時期的挑戰，我鑽研不同的方法論，以克服看似不可能的問題。

「在風口上做出正確的創業題目，並且順利產出專案並取得高成長」，不是無法達到，只是做到這件事情的作法，可能與原先想的作法不一樣，甚至跟軟體業「常識」大相逕庭。這是在閱讀這本書前，我必須要先給讀者的心理建設。

但這些方法，保證有效，至少——我是用相同的方法，連續三次做成同樣效果的公司"

- 第一次，我花了 2 個月打造出全棧營，半年營業額 1200 萬人民幣。
- 第二次，我花了 45 天打造成 ico.info，兩個月站上投資額 2 億美金。
- 第三次，我花了 35 天打造 otcbtc.com，一年以來站上成交額超過 100 億人民幣。

更重要的是，這些創業建議，並不需要太深的技術背景。

只是你得有心理準備，這些方法，不代表做成一個產品比較簡單。只是這次，能夠大大提高你創業成功，尤其是軟體創業成功的機率。

我希望這本書能夠幫助許多軟體從業者，或是產品開發者。我認識許多傑出的人，都想要以某種產品改變世界。我希望我的經驗，能夠提高大家的勝率，能夠更快的讓世界變得更美好，更有效率。

Enjoy！

目錄

PART 5 高速執行，敏捷開發

PART 6 確保時限內完成：逆向法

PART I

閃電式開發

這本書的書名：《閃電式開發》，指得是「在風口上做出正確的創業題目，並且順利產出專案，並取得高成長。」

這個目標似乎是天方夜譚。但是我們真真確確做到了，而且更重要的是，是用方法論做到的，所以你也有機會實際操作一遍。

1-1

OTCBTC 的戰績與 閃電式開發

OTCBTC.com 是一個虛擬貨幣場外交易平台。於 2017 年 10 月 26 日開張。場外一年成交額超過 100 億人民幣。

這個產品達成幾個比較厲害的戰績，前三個月：

- **35 天發起專案，審批通過，並且開發完成、上線。**
- **白手起家，完全用自己的資金啟動。**
- **第一天上線日成交額 38 萬。三個月以後日成交額最高 1 億人民幣。**
- **完全靠口碑自動增長。**
- **NPS 高達 70。**

這背後的一切，卻是一個不足 20 人的純軟體技術開發團隊（絕大多數成員是軟體業菜鳥），嚴格按照本書中的這套方法論做到的成果。

這個方法論，是我們團隊研發的一套獨門框架。目的只有一個：「在風口上，迅速打下戰果，並且正確迭代，取得高成長」，我們內部將之命名為「閃電式開發」。

如何開始打造 OTCBTC.com ？

OTCBTC 的故事開始是這樣的。

2017 年 9 月，因為中國政府政策關係，我上一個在大陸創業的專案「ico.info」被關閉停業了。同時，中國關閉了虛擬貨幣相關事業。

因為這件事，我跟同事都集體失業。我的同事是之前跟我一起做網路教育平臺的同一批人。公司關閉，於是我們全體前往日本旅行，尋找人生以及事業新方向。

花了極大心力開發的產品，一夕之間關閉了。說不沮喪，肯定是騙人的。在員工旅行時，我們希望透過放鬆與激盪，找出下一個可以做的產品。有趣的是，雖然公司關了，但團隊卻沒有破產。

2017 年，區塊鏈的牛市行情讓公司絕大多數同事收穫頗豐。但是，九月份的虛擬幣事業禁令，卻讓我們發愁。

中國雖然不禁止個人持有比特幣，但關閉所有虛擬貨幣交易所，這意味著：我們有錢，但也都是紙面的虛擬幣，無法兌換法幣。雖然靠著炒幣發了一點財，但是這些錢都是在虛擬貨幣上，要換成法幣卻沒有地方可以安全兌換。

當時要將這些虛擬幣換成錢，只有兩個不安全的辦法：

- **在微信上加入 OTC 群組，與陌生人交易換錢。一邊轉帳、一邊交易虛擬幣。**
- **使用國外服務 Localbitcoins 進行擔保交易。**

但是這樣的作法，有極大的風險：

- **使用微信並不安全。很常出現錢轉帳了，對方卻不進行虛擬幣交易，反而跑路的狀況。**

- Localbitcoins 全為英文介面，使用上極度不友好，體驗非常差，也沒有為中國交易場景優化的打算。 在上面遇到欺詐黑錢的情況比比皆是。

這件事情讓我們很困擾。

在日本時，我們一邊喝酒一邊抱怨這件事。於是我靈機一動，與其抱怨現況，不如下一個專案就作這個題目吧？

既然我們有技術，那為什麼不作一個連我們自己都放心交易的「虛擬幣 OTC 交易平臺」。不僅能夠解決市場上極大的壓力，同時也解決自身換錢的問題。

=====

這是風口上的戰爭

我們是一個習慣打勝仗的團隊。如果做一個項目，只是去跟風產品，也成長不起來，那麼就太沒意思了。當時中國幣圈大家都在抱怨虛擬幣交易不安全，而且炒幣群組裡面也一天到晚有人在 OTC 喊單。

所以這個需求，並不是我們團隊第一個發現。我們心想，一定也有其他團隊也會瞄準這個項目。

如果社會上需要這個平臺。我們得先看看對手有誰？

當時我在網路上讀到一個理論，叫做「十倍理論」：「消費者會高估已有解決方案 3 倍以上，創業者會高估自己方案 3 倍以上，因此你要創造一個比現狀好 10 倍的方案。只要這樣，客戶才有動力，願意掙脫現有方案的慣性，去嘗試你的方案。」

做這個產品題目的甜蜜點在於：「上述 WeChat 方案與 Localbitcoins 方案實在太不合常理了。如果有一個團隊的解決方案夠好，馬上可以搶下這個需求的龐大市場。完全有可能開發一個比 Localbitcoins 好十倍的 OTC 交易平臺。」

但是做這個題目，也不是沒有風險：「要是上線晚了。有夠好的服務提早在我們之前出現。那麼我們得贏過下一個夠好的服務 10 倍。也就是比 Localbitcoins 好一百倍。但這件事是不可能的！」

於是當時我們想了一下，能夠贏我們的對手可能有哪些人？

想來想去只有中國巨鱷交易所「OKCoin」與「火幣」，有機會做出這樣的產品，而且只要他們兩間公司比我們早做出這樣的產品，我們會一點機會都沒有！

所以關鍵在於：

> **得比他們早推出產品，並且儘量拉開迭代速度，把市場吃下。**

我們開始寫這個題目的時候，是 9/22。一下子就遇到大陸的十一假期。

但是我們內部估計兩間巨鱷對手，即使要上線這個產品，也只能在 11 月 1 日後。（因為 10/18 是中國的兩會）

所以我們的目標就是在 11 月 1 日前推出這個產品！

要在 40 天從零寫出區塊鏈貨幣交易所？在其他團隊的眼中是完全不可能的事。但在我們團隊眼中，卻是「可以嘗試一下」的事。

因為這不是我們第一次挑戰「閃電式開發」。

我們上一個項目「ico.info（虛擬貨幣版 kickstater）」的開發時間也只有 45 天。更何況，這次也不算是從零開始。我們已經有虛擬貨幣的錢包服務了。

所以我們利用閃電式開發的這套手法，在這 40 天之內拼命衝刺。竟然就把產品做出來！ 10 月 26 日宣佈上線。

宣佈上線的那一天，不僅轟動幣圈，還把對手嚇死了。競爭對手們連夜做了微信海報，宣佈他們的 OTC 服務即將上線。微信海報上面竟然還打錯字。

這些巨頭，真的不是在吹牛。海報出來之後，他們的 OTC 貨幣交易所，果然都在一周之後上線。

但是對手上線，並不代表我們會輸。上線以後，因為 OTC 行業本身是非常講究交易體驗的平臺網站。我們靠著內部獨門的用戶體驗框架，硬是領先對手一大截。

後續更是靠著閃電式開發這套功夫，一路迅速迭代。在接下來的三個月內，瘋狂增長 300 倍。穩穩在行業裡面站穩腳步。

———

穩穩閃坑，同時高速成長

OTCBTC 從決定專案，到實際執行、上線，最後總共才花了 35 天的時間。業內很多人都對這件事情都感到相當不可思議。

同時，這個專案迭代速度不僅非常快（早上客戶抱怨，下午就修

復）。甚至增長速度非常猛烈，我們在一兩個月之內營業額就成長了
300 倍。

這麼猛烈的增長，還僅僅只是靠口耳相傳的方式傳播。不僅猛烈增
長，客戶流失率也非常低，口碑滿意度還非常高（NPS 70）。

老實説，這不是我們第一次用這套方法取得成功。只是沒有想過，
這一次的成果這麼誇張而已。

我們一直以來，就假設「閃電式開發」這套方法，可能存在這個世
界上。我們團隊過去累積了一整套有別於其他團隊的獨家開發流程，
一直不停迭代，設法往這個目標前進。

這次只是一舉在這個風口上，嚴格執行了這套方法，果然取得巨大
的成功。

這本書，我要將我們團隊多次嘗試後，演練出來的這套「開電式開
發」方法，完整的跟大家分享。

I-2

這是踩了大量創業坑後，改良出的產品開發法

當然，發展出這套「閃電式開發」流程，並非一蹴可及。從我創業開始，失敗了不止一次，一直到這幾年，才終於摸索到高成功率的框架。這一路過程，滿滿都是坑。

創業真是一件失敗率極高的事。我總結了一下，通常一般的創業者，會因為四種原因，在創業路上陣亡。

1. 選錯 IDEA

這是失敗的頭號原因：「選錯 IDEA」。

選錯 IDEA 是最致命的一件事。因為就算過程與方法再完美，要是市場上沒有人需求，不管再怎麼迭代也沒有用。

═══════

2. 做 ME TOO 但不 WORK

但是針對剛性需求進行創業，好像也不一定會成功。明明別人做這題目火了，自己做這題目並且大幅改善效能，卻沒有人要用。

這件事讓創業者百思不得其解。而且，市場上一旦一個項目做到暢銷，就會有 100 間競爭廠商加入戰局，讓這件事變得更加困難。

3. 無法增長

許多創業者是因為有一技之長，才決定出來創業，將自己的技能商品化。但是明明自己打造了一件「神兵利器」，但是市場卻不買單。

或者是剛開始雖然小有成績，但後續消費者給的回饋方向千奇百怪。不知道如何繼續前進。上線了也定位困難，消費者怎麼使用都奇怪。

4. 功能上無法拓展，被競爭者追上

產品在業績上小有成就。開始招人拓展，但是推進卻有困難。

一個專案，需要打磨的事項有幾百條。團隊增加了很多人，效率卻沒增加。這時候，競爭對手也發現了這塊市場。決定做相同的題目，但不一樣的是，對方似乎知道路怎麼走，人也比你多，迭代速度甚至是你的好幾倍。

這時候自己的團隊卻還在被奇怪的相依性或性能問題、甚至是溝通問題卡住，活生生錯過風口，被競爭者搶佔市場。

創業就是在解無數的坑

所以創業真是九死一生的事。雖説如此，這些問題卻是實際有解的。

我們會在這本書裡面分享以下的主題：

- **怎麼樣找到以及驗證市場上真的有需求的 IDEA ？**
- **如何高效執行？**
- **並且做出高可用性的產品？**
- **不走歪路，正確增長？**

繞開這一個接一個的坑。

1-3

為什麼創業者都需要
學習閃電式開發？

隨著科技的進步，基礎設施的普及。創業的門檻，其實變得越來越低。人人都可以自學程式碼，開發軟體專案。但這也意味著，競爭的對手，可能遠比你想像的多。

同時，資本也逐漸成熟。尤其是在矽谷與中國，甚至還開始了「閃電式擴張」的創業打法。

即便你是第一個做出 Product Market Fit 的團隊，領先優勢也不是特別大。

如果你的競爭對手有強大的資本幫忙，也具有一定的網路效應。當對手的功能逐步成熟，搭配原有的優勢。護城河也有可能被人填平。

創業者的挑戰，不僅前期的執行衝刺，後期持續領先也相當重要。在上線後的 45 天：

- **建立起更高的護城河，形成更強的網路效應。往正確的方向迭代前進。**
- **去除可能讓用戶流失的「Bug」，建立更強的黏性。**
- **一開始就形成極強的正迴圈，甚至是病毒式迴圈。**

這些也是相當有挑戰性的主題。

這個世界正往「閃電式競爭」走去。

> **身為資源稀少的獨立創業者，學會一套能在風口上防身的產品迭代開發法，就顯得更重要了。**

這正是「開電式開發」想要解決的問題。

———

創業成功不是好運，靠得是閃電式迭代

很多人以為 OTCBTC 的崛起，是好運撞在風口上。

但很多人並不知道的是，OTC 是一個極度競爭的行業。曾經一度市場上有 100 多家在競爭。只是很多 OTC 貨幣交易所，在上線第一天沒有量就收攤了，大家看不到而已。

OTC 行業的競爭挑戰在於這個行業是一個雙向市場（淘寶模式），市場裡面需要有買家也要有賣家。要是買家／賣家供給的正迴圈幾天沒有運轉。這網站就死定了。

回想起來，OTCBTC 創業當中發生最驚險的故事，是這樣的：上線前我們曾經計算，一天要多少營業額才能損益兩平？結論是，至少每日兩百多萬人民幣營業額。

但是我們第一天上線時，營業額是 30 幾萬。第二天是 40 幾萬。內部檢討起來這個數字簡直是把我們嚇壞了。忙活了一個多月，卻可能面臨了上線就關門的窘迫狀況。

當時，巨頭「火幣」與「OK」也陸續上線自己的 OTC 交易所。

這兩個消息，簡直是雙重打擊。讓我們一度陷入絕望。

我在家足足想了三天，才想出驚天突圍招數：「千一會員」。讓整個競爭形式大逆轉。營業額開始單日破兩百萬營業額。接著破一千萬、破三千萬、破五千萬，甚至單日破億。

在此當中，我們也不斷迭代我們的產品，繼續拉大領先優勢。

在這本書，我也會分享：

- 如何在閃電戰中往正確的方向迭代。
- 如何製作出口碑效應極強的產品，創造 Viral Loop。
- 如何在上線前就有辦法「內測」修正未來三個月的使用者體驗，拉開領先距離。

最後創造出三個月累積營業額成長 300 倍的奇蹟。

═══

小團隊打閃電戰是可能的

自從我 2012 年開始創業，每間公司，我都是用自己的積蓄創業，沒有拿過任何投資人的錢啟動經營（包括 OTCBTC 也是，是我拿自己炒幣累積的一百萬美金等值虛擬貨幣啟動），所以創業路上每一步，我都走得非常謹慎小心。

> **儘量以方法論以及最小的實驗成本，去取得最大的效應。去加速創業成功的機率。**

有很多人認為，小團隊打閃電戰不可能贏，創業不融資不可能進場挑戰。

但我必須要說，小團隊打贏閃電戰是可能的。因為我們不只打贏了一次，而是整整打贏了三次。這套方法可執行且可複製。

這套方法論有四個步驟：

- **找到正確的 IDEA，找到十倍題目，取得 PMF**
- **快速迭代執行**
- **收尾上線，預先迭代體驗，取得領先**
- **啟動成長引擎，快速成長**

我會逐步拆解當中的奧秘。如何用一個個方法論，閃開創業路上的坑，找到市場上的真正痛點，大大加速各位創業成功的機率。讓我們開始吧！

PART 2

如何低成本測試 IDEA

很多第一次創業者會認為軟體創業最大的門檻，以及最有可能失敗的原因，在於執行不完美，也就是「自己不會寫 code」或者是「雇用的工程師太爛」。

但我認為，創業最大的門檻以及最有可能失敗的原因，是「自己做了一個市場上完全不需要的軟體」，經過多次迭代，花費許多不必要的成本後，才認知到這個殘酷的事實。

2-1

從開發者，變成真正創業者

尷尬的是，軟體創業這件事似乎真的要頭洗下去，才有辦法驗證「自己的 IDEA 究竟市場需不需要」。

但市場上常常在爭執一個議題：軟體創業真得需要會寫程式碼嗎？

=====

寫出厲害程式碼，做出厲害產品，卻賺不到錢

我想分享發生在我身上發生的故事。

2012 年我第一次創業，當時做了一個產品「Logdown」，是給程式設計師分享程式碼部落格的專用工具。

這個產品很經典，產品程式碼厲害，功能也厲害。但是商業上的結果並不是很成功。

這個專案要解決的問題是：很多程式師開發時，通常會寫技術部落格。但是，技術部落格寫作的過程非常痛苦，貼上程式碼的過程無比複雜。所以我開發了一個所見即所得的工程師部落格平臺。不需要自行部署複雜的軟體，寫作介面與流程也無比順暢。

所以，這個工具推出後，就在程式開發者間大受好評。

　　但這個產品的問題在於，雖然解決了技術寫作上一個很大的痛點，但是使用者並不願意為此付費，而且成長到一定時間之後也陷入停滯。

　　我們的底層程式碼寫得很好，也確實解決程式設計師的問題。但在商業上讓我挫敗。明明我做出一個好產品，為什麼賺不到錢？投入幾個月時間經營，也找不到正確的改進方向。

＝＝＝＝＝

創業真正重要的兩件事

　　不懂寫程式碼的創辦人，也許是第一次創業踩到坑造成的陰影，總覺得會寫程式碼很重要，不懂得寫程式碼，無法知道程式設計是不是坑他，也無法理解產品裡會發生的大小事。所以，他們覺得創業前，最重要的關鍵是去學基本的程式開發。

　　懂得寫程式碼的創辦人，更覺得寫程式碼重要。甚至，他們認為創業者不僅要懂寫程式碼，還得懂寫高超的程式碼。產品失敗的原因，極有可能是因為架構不好，造成性能不穩；或者是產品功能迭代不夠快。所以軟體創業最重要的關鍵是設計出良好的架構，能夠保持性能穩定，又能高速擴充。

　　但是，創業成功的人是那些厲害的程式設計師嗎？好像也不是。多數創業成功的案例都是一些破爛的軟體，連創辦者都是三腳貓功夫的程式設計。

　　所以，一個重要的問題來了：在網路時代，創業懂得寫程式碼，對做好產品有相關性嗎？

　　根據我一路走來的經驗。我認為：「有相關性。但是卻沒有大家想像那麼大的影響。」

我認為軟體創業這件事，當中最重要的兩件事是：

> **1. 你正在解決的這個問題，是不是一個重要的問題？**
> **2. 有沒有人會因為這個重要的解決方案付錢給你？**

這與你現在是否正在打造一個厲害產品，完全無關。

———

測試市場是創業的第一件事

我想藉由我自己身上發生的故事，說明創業千萬別急著寫第一行程式碼，應該做的是：「測試市場」。

軟體創業最大的風險與門檻在於：

* **必須招募到一隊人做事情。**
* **真正把產品做出來。**

這需要錢與時間，甚至需要巨額的錢與巨量的時間。

但是，開獎時刻卻很殘酷。原本以為自己的產品無比厲害，辛苦忙碌一整年，上線後幾天才發現，自己感覺厲害的產品根本沒有人想用。

那如何閃避這個坑呢？這世界上是否存在一個方法，能夠儘量減少前期成本，並且降低早期失敗可能性，成功找到可以切入的市場或風口？

2-2

如何找到適合自己的
創業題目？

前述那次創業失敗後，我自己反省檢討，有可能我真的只懂寫程式碼，但是在商業上我一竅不通，需要精進學習。我是這樣的人，一旦認知到是自己的問題與不足，絕對去看書、上課，補強我的短處。

後來幾年，我在網上找到幾門創業課，好好增強、補足自己的實力。當時。網路上我印象最深的是這一門創業課：「殺掉你內心的 Wantrepreneur」，這門課是 Appsumo 的 Noah Kagan 開的。

Noah Kagan 是當時軟體創業界的一號傳奇人物，他：

- **曾經是 Facebook 第 30 號員工卻被開除。**
- **但是後來自行創業後，連續做了 Appsumo 與 SumoMe 這兩個網站大獲成功。**
- **他本身又是很成功的創業家以及創業傳教士。**

Wantrepreneur 是形容一類人，這種人嘴巴說說要創業，但是過了好幾年，最後並沒有實際去創業，這種人就叫做 Wantrepreneur。就是指想創業的人最後沒有付諸實際行動。

Noah Kagan 這門課標題就是殺掉你內心的 Wantrepreneur。

這類人其實不是不敢，而是因為創業的成本實在太高了，成功率也很低。所以很多人雖然嘴巴上說自己要創業，但內心一直猶豫不決。

當時這門課收費 700 美金，但所傳授的方法很簡單。簡單到當我購買、看完課程以後，覺得 700 美金好像太貴了。但是現在想起來卻無比值得。

Noah 說創業其實不困難。它教大家一個方法，他說創業方向只有兩種：

- 你擅長的主題，你的朋友平常會拜託你做什麼事，甚至願意付錢叫你做這件事。這是可以選擇的題目。
- 或者是你周遭的領域，大家一直在抱怨非常費工，但一直沒有人解決的問題。

————

第一步：找到周遭社會壓力最大的問題

如果這樣還是想不到創業主題。Noah 提供一招，要是你真的找不到 IDEA，他推薦你可以上 Craigslist 去找靈感。

Craigslist 是美國網路上的一個分類廣告網站。到你所屬城市的那個地區，去找看看這三個月以來有沒有不同的人反覆在談論同樣的需求。而這樣的需求，其實就是剛性需求，可以去嘗試看看。

Craigslist 這招，甚至還是當時課程的其中一份作業。

在 2014 年左右，我打開加州的 Craigslist。我發現當時灣區最大的需求：是一天到晚都有公司在招募拍攝產品廣告的 model。

因為灣區很多人在創業，所以很多人需要 model 拍攝網站廣告。因此一天到晚有人在 Craigslist 上徵 model。

當時我覺得這 idea 挺有趣的，從來沒想過有這樣的事情，而且還

有這麼大量的需求。最特別的是，每個地區 Craigslist 上面的重複需求還真的都不一樣。加州與德州的需求就完全不一樣。

我對於做 model 網站這件事是很心動的。可惜當時我人在臺灣，臺灣肯定沒這樣的需求。但在灣區就不一樣了，要是當時選擇去做這個 idea，做 model 版的 airbnb，我想取得種子輪融資金應該沒問題，可能也能夠引起話題。

這個方法，我覺得背後的邏輯蠻有道理。因為有如果有人在 Craigslist 上面一直發出這樣的廣告，就表示當地一定有需求。

———

第二步：製作網頁測試 Idea

找到創業想法後，先別急著打造真實產品。

第二步你該做的是，做一個簡單的頁面：Landing Page。介紹你有這樣的解決辦法，在社交網路上如 Facebook、Twitter 推廣。如果有人願意聯繫你，也許這個市場真的有需求。

Landing Page 的製作成本極其低廉，所以你可以大量製作 Landing Page。買廣告投放，大量進行 A/B Testing。

也許在這個過程中，雖然花費了一些廣告測試的錢，卻可以快速準確得到「市場是否接受」的結果。

遠比真的花了幾個月時間，花了大量金錢與人力，但是打造出一個沒有人願意用的產品，結果好太多了。

這背後的理論是：

> **創業其實真的不需要實際去做產品，而是應該去先找到自己周遭還在萌芽的這些需求。**

可以透過製作成 Landing Page 廣告，大量測試市場是否真實存在。

我當時覺得這個理論挺有道理的。

———————

第三步：收費驗證你的 idea

大概三個月之後，我又看到一篇文章，是 WooTheme 創辦人 Adii Pienaar 寫的。標題是「How To Build Any Startup With Zero Budget（如何用零預算成本，建立你第一個創業公司）」。

Adii 是一位南非的軟體創業家。當時我訂閱了很多成功創業家的部落格，他也是其中之一。這篇文章是他在 microconf 上的一篇演講。

他講的也是類似的道理，創辦 WooThemes 之後，他想要二次創業。但是真實打造一個新項目，太累了。所以第二次創業，一開始他並不想要花費那麼大的成本。

他也推薦大家創業可以這麼做：

- 先做 Landing Page 驗證 Idea，（收集 Email）。
- 搭配 Content Marketing 宣傳，為什麼他正在解決的這個問題很重要。吸引有興趣的用戶註冊網站，或者訂閱內容。
- 推出下一個 Product Landing Page，（此時這個產品，需要信用卡

付費）。

有趣的是第二個 Landing Page 的 Call to Action （召喚行動）是信用卡付費。

他解釋這道流程的理由是：客戶給你 Email 只是對你的產品「有興趣」，但如果這個客戶真正刷卡付費，代表這個需求「真實存在」。

如果經過這兩道流程，初始付費使用者還是不夠多。那麼就差不多可以放棄這個 idea。反之，也許這個 idea 可以實際推進。

下一個衍生的問題是：「收費了但是用戶不夠多。打算放棄這個 IDEA 怎麼辦？」

Adii 的回答是就直接退錢就好了，整件事並沒有那麼複雜！

創業者真的不需要製作完成整個產品，才開始收費測試市場。更何況，要是做完產品，一毛錢都收不到呢？

Noah 與 Adii 的這兩個例子，對我來說印象真的非常深刻。

我在這兩個例子當中學到：

- **如何找到適合的 idea ？**
- **如何驗證這個 idea 真的實際存在**，有可能 Product Market Fit。

2-3

第二次創業：不寫任何一行程式碼，但是取得成功

時間快轉到 2015 年。

當時我剛從矽谷辭職，回臺灣創業時，本來想休息一下，再去做個軟體 SaaS 專案。但是當時還沒有頭緒。

朋友約我出來吃飯，聽了我的點子後，直接阻攔我。他們說：你要創業可以，但是創業前可不可以先解決我們的需求。

原來，我的朋友們知道我不僅程式碼寫得很好，教學更是厲害。在業界帶出過很多厲害的工程師，所以他們非常希望我在再度創業前，至少先開一次 Rails 班。

我當時很糾結。因為我滿腦子想的是去做一個 SaaS 創業。對於開補習班這件事情很抗拒。

現在想起來還好沒有去 SaaS 創業。因為我當時連 idea 都還沒有想好，只是覺得 SaaS 創業很厲害而已。

我後來思索了一下，也許我下一個創業的題目，不應該做軟體創業，應該去挑戰教學事業。原因是這樣：

- **我之前創業不是很成功。原因在於我一直糾結創業要做自己的 IDEA，而不是市場需要的產品。**
- **之前 Noah 說創業點子的條件。SaaS 軟體顯然並不符合。反而是教學事業比較適合。**

還記得我們前面提過的嗎？再提醒一次，創業只有兩個點子值得
做：

- 你擅長的主題，你的朋友平常會拜託你做什麼，甚至願意付錢叫你
做這件事。這是可以選擇的題目。
- 或者是你周遭的領域，大家一直在抱怨非常費工，但一直沒有人解
決的問題。

我不是一個成功的創業者。也許這次實驗一下別人所說的方法論，
未嘗不可！

當時 Rails 開發者薪資都很高。開 Rails 班是個剛性需求，應該賺得
到錢。也許我該先賺一桶金。因為做軟體專案，都必須先有現金流才
行。

而且，這次創業，我想順便試試之前上的創業課，這些創業前輩的
理論是不是真的可行。

當時我是失業狀態。失業沒事幹，所以特別大膽，人一大膽就會做
一些以前沒做過的事情。

==========

不先做產品，先做收費頁面測試市場

所以我就想到了這個方法：我一反以前常態：不先做產品。

所謂「先做產品」，對開課來說其實是「撰寫教學教材」。我不先寫教
材，而是先去寫 Landing Page。一開始其實是利用 KKTIX 這套票卷系統。

我在 KKTIX 的報名頁面，構思了 Landing Page 裡面的文案：主要

就是說這門課程可以教會你什麼，然後適合哪樣的人報名，然後課程內容大概會講哪一些主題，接著就開始售票收費。

這個頁面目前都還能看到：
https://rocodev.kktix.cc/events/rails-e-commerce-2015-07

　　果然有人報名，第一門課差不多一下子就額滿。我本來也沒有預期到這樣的結果，還在思考要是沒報滿，到時候要怎麼厚臉皮解散？這一門課，還沒寫一行程式碼，也沒寫任何一行教材，營收就有新台幣50萬。

　　這對我來說很驚嚇，什麼事情都還沒做，寫個報名頁面就有台幣50萬收入。

　　這個方法似乎真的可行。

　　這讓我得到一個啟發：

> **創業真的未必要先做產品，真的可以先做一個 Landing Page，確定這件事確實有剛性需求，再做不遲。**

　　這個實驗，讓我的課程瞬間取得啟動資金，租得起教室，請得起助教，甚至是請人架設網站重新製作轉換率更高的 Landing Page。

　　之所以分享這則故事，是因為：創業未必真的必要先花費很大的資源與精力去打造產品最終的原型。其實可以靠 Landing Page 這樣的方

式去測試 Idea 是否有效。

如果真的沒有效果就可以不用做。如果有效可以用預先收費的方式，取得第一筆啟動資金，去把原型打造出來。連錢都不用融資。

―――――

利用 Landing Page 抓到產品核心的重點

做 Landing Page 的好處，還有另外一個：抓到產品核心的重點。

我在做 Landing Page 的時候，用了一個獨門的問卷法（後面會介紹）。意外地問出一些我不知道的隱藏需求。

我發現很多人學 code 背後是不同目的。比如說：

- 有人想要為自己的興趣開發一個網站
- 有人是真的想要找一份工作
- 有人是想要網路創業

我意外地發現來上這個課背後的組成：

- 其中大概四分之一的人是想要去找一份工作
- 四分之一的人是想學來玩玩
- 有一半的人是想要自己做電商的創業者

他們背後的動機是不一樣的：

- 想創業的這些人想要會一些基礎的程式設計，並且想要學了一些概念，可以跟外包溝通，避免被騙的機會。
- 要找工作的人。當他們去應聘這些工作，雇主都很在意應聘者會不會串接金流。因為串接金流是創業項目中難度挺高，可是必備的一

個功能：賺錢。

此外，我發現一些共同的特徵：

- 想要創業的人，他最大的苦惱除了被騙之外，還有不知道如何跟外包合理敘述自己的 idea。
- 我也意識到很多初學者上網自學，學會了網站上面的範例。但是最後沒有能力自行拆解自己的 idea 去開發他內心理想的網站。

因為大家光要把所有功能整理寫下來，就是一件很累人的事情。

接下來的挑戰，是如何一一實現這些需求，變成真正的功能，解決大家都感到痛苦的事。我在當中觀察到：

- 大家不懂得如何拆解建構一個網站 (User Story)
- 賣東西是剛性需求（Business Scaffold）
- 串接金流也是強烈必要的功能（EC workflow）

我將這三個重點融合，寫入我的課綱裡面，搖身一變，成為我第一版教材的重點。

當時，市面上大多數同業的教材還在教留言板，或者是 Job Listing，或者是電影 Review 網站。都是 CRUD（內容新增刪改）類型網站。但是我的課程很不一樣。我打造的這門課，大綱是教大家如何開發一個網路商店的原型。從如何拆解 idea 開始，一步一步拆解功能、實做到最後串接金流上線。

> **關鍵是這個產品內容，並不是憑空想出來，完全是按照市場需求開發。**

後來同業甚至直接抄襲課綱當作原創教材。但在我開發這門課程之前，沒有人知道有這三個需求。

一般的開課者（資深開發者）都是根據自己覺得什麼是厲害的技術，一股腦編進教材裡，根本沒有人去考慮初學者的需求。

甚至，這些人的課綱，都是一些矯枉過正的安排。

- 資深開發者覺得初學者一開始沒有正確的觀念，很容易就寫出 Dirty Code，所以必須一開始就教最佳實踐。
- 或是說一般人開發功能，沒有寫測試，網站容易莫名其妙壞掉，所以初學者一定得先學會測試驅動開發，後面才不會走歪。

結果導致許多初學者，直接從入門當放棄。因為這些內容，市場真的沒有需求，大家又學不會啊！

===

分析初學者的剛需

初學者要的是什麼？

- 有能力脫離範例程式，自己拆解自己的點子實做。
- 找得到工作的能力（解決雇主的問題）。
- 能直接賺錢的技能。

因為我這個課綱設計得當，吸引了很多人報名。

這個也是做 Landing Page 的一個好處。

《 課程大綱 》

07/13	1) 軟體規劃技巧 (User Story => Tickets)
	2) 實作貨品上架後台：（ CRUD / namespace / Gems / roles)
	3) 基本 Style 套版
	4) Git Pull request 技巧
07/20	1) 加入購物車 (Session)
	2) 結賬填寫資訊 (nested attributes)
	3) 訂單寄送確認信 (Mailer with mailgun)
	4) 訂單狀態 (state_machine)
07/27	1) 整合金流 (Service Object / 歐付寶 AllPay 串接)
	2) Mailer with Token

創業者的出發點，都是因為自己精通一項技能，所以想要包裝成一個產品銷售。但是這個技能可以賣給很多不同人群。如何把技能包裝給適當的群眾，並且用比較低的成本測試、上線迭代，我覺得這是大家最需要精進的一個課題。

這也是我為什麼選擇將這個議題，放在本書前面的章節探討。

2-4

好的登陸頁 Landing Page 有六大結構

網站經營上，Landing Page 就是指顧客點擊「行銷管道」（如 FB 廣告，Email … 等等）上的連結後，「登陸」（Landing）的頁面。

Landing Page 是指使用者進入服務的第一頁。有可能是你的官方首頁，但如果是賣商品的話，通常人家進去的第一個頁面是產品頁。或者對方是報名網路上的課程活動，報名者通常就是直接連到報名頁，這時候報名頁就是登陸頁面。

各位如果逛過外國的網站，應該會觀察到外國的線上服務，首頁流程都有一股說不出的順暢。明明只是在網上偶然逛到，只想稍微研究這服務好不好用。卻莫名其妙註冊試用了，感覺好像有什麼妖術？

這就對了。

想想連產品都不用實際開發，就有人想試用，這對創業者來說不是最好的事嗎？

Landing Page 一般來說，總共有六大結構：

- 一句話形容自己的好處
- 使用此服務的三大好處
- 敘述運作原理，或製作示意圖，或製作示意影片
- 使用者見證或媒體報導
- CALL TO ACTION 行動召喚

- FAQ / 免費註冊 / 退款保證 (消除疑慮)

———

例子一：Rails 教學課程的 Landing page

　　以下就以當初我開課時的課程登陸頁面，拆解 Landing Page 當中的奧妙。

第一部分：一句話形容自己

　　我那時候在報名網頁上是這樣寫的：「四周晉升即戰力，用最短的時間衝刺出最多的進度，立馬找到理想的工作」。

　　如果訪客在尋求速成課程，第一時間就會被這個東西吸引住！

第二部分：使用此服務的三大好處

　　那接下來第二部分，什麼是使用這個服務的好處？

　　我那時候歸納了三個重點：

- 標榜教材絕對是以商業為導向，不是練習玩具的等級。
- 標榜對新手友善。
- 強調上了課之後，實戰開發技巧會馬上得到立即快速的提升。

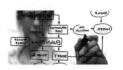

商業導向目標的教材

非紙上談兵，新手 Friendly

實戰開發技巧的快速提升

以建構一個含 購物車 的實際 EC 網站
為最終目標，藉由課程的推展，讓學
員逐一學習到程式開發的重要技巧與
觀念，以及如何靈活運用 Rails 工具以
及生態圈打造出可「直接上線」的商
業成品。

課程有大量的實作，首週進度即得到
具備成就感的實際作品。不浪費時間
在講解枯燥且不知如何運用的基礎理
論。課間備有親切的「多位」助教
（現役工程師）隨時排除學員操作上
的疑難雜症。

傳授技巧皆為業界驗證過的 Best
Practices。省去至少兩年以上的瞎子
摸象摸索。不僅傳授技術上的開發技
巧，更傳授個人成長技巧以及產品增
長技巧。（市面絕無僅有）

第三部分：運作原理

　　課程運作部分，我在網頁附上課程大綱。雖然絕大多數訪客都看不
懂裡面的內容。但是如果訪客拿給程式設計朋友求證。他們的朋友都
會說，如果真能學會這部分，其實也會挺厲害的。

第四部分：使用者見證

　　第四部分是使用者見證。這邊我放上過去上課學生的心得。

- 第一個學生就說我上完課，馬上找到第一份工作。
- 第二個學生說這課真的很操，但是進步非常非常快。
- 第三個人說這個課教了非常多的這個業界秘技。

　　一般人看到這裡，很快就會心癢癢的。

第五部份：CALL TO ACTION 行動召喚

CALL TO ACTION，這時候就是召喚行動了。

我在這裡放了春季班、夏季班的班表，讓學生馬上就可以報名。

第六部分：FAQ

這個課跟其他的程式教學班可能有點不一樣，因為這個班是四個禮拜就讓一般人有辦法學會 Rails。所以有一些同學就說，他很想要學這個課，但是他不知道自己零基礎是不是可以來上？所以我這裡就會放一些 FAQ 去解答大家的疑問。

看到這裡。你會發現，這一切好像都很順暢，似乎真的有某種節奏、某種韻律在裡面。莫名其妙的讓人看完後就很想報名。這就是 Landing Page 的魔力。

=====

例子二：敏捷開發課程的 Landing page

以下我再拆解另外一個課程的 Landing Page 給大家加強印象。這個課是我在臺灣的專案管理課，專案管理課當時在臺灣也是開得非常火爆。

第一部分：一句話形容自己

這個專案管理課的「一句話形容自己」，是這樣寫的：「停止專案救火隊的生活」。有沒有感覺到那種衝動？

其實會想要來上這門專案管理課的人，在現實生活中已經受夠了。一天到晚要幫別人救火，所以極需專案管理的課，幫助他控制混亂的生活。

第二部分：使用此服務的三大好處

使用此服務的三大好處。我這裡聚焦在三個效果：

- 逃離超時、壓死線的開發流程
- 協同團隊有效地完成目標
- 專案管理技巧的極速提升

你聽了以後就覺得開始覺得這是神功吧？

第三部分：運作原理

接下來課程大綱，我就敘述課裡面會教什麼？

課程大綱

預期參加這次課程的學員，將可大幅提升專案管理方面的視野以及實務操作技巧。

上午

1. 如何正確解構專案 Scope
2. 如何控制專案時程
3. 如何抓出專案風險
4. What is User Story?
5. How to manage User Story?
6. 利用專案管理技巧極速打造 MVP
   （以 Hackathon 為例）

中午吃飯 / 課間休息

1. 好吃的自助餐
2. 美味的茶點

下午 （第一段）

1. 專案如何導入專案工具
2. 如何為不同型態的專案（大、中、小、重複）
   選擇適當的專案工具
3. 什麼是敏捷？我需要選擇哪些敏捷框架
   （Scrum / Kanban or Others？）
4. 利用專案管理管理工具以及
   敏捷／開發技巧大幅加速專案開發的
   速度。（以 Redmine 為例）

下午 （第二段）

1. 敏捷框架的反省。專案管理技巧為何會
   讓 RD 職業疲倦與被動？
2. 麥肯錫問題架構。如何讓 RD 「自動自發」
   設計出「正確的功能」
3. Project Management 如何與 Growth Hacking 技巧結合

第四部分：使用者見證

下一段就是使用者見證。上過課的同學，他們的感想是什麼？

第一個案例我就寫結束 Email 加 Excel 的夢魘。事實上，很多人在公司裡面有很多專案要管理，他是用 Email 跟 Excel 去管理。想當然爾，這樣的管理方法真是非常落後。所以我在課程中就教同學如何使用比較先進的方式去管理幾百個專案細項。接下來再教各位，如何用正確的方法去切分工作跟時程。所以在使用者見證裡，學生就顯得很激動。

第五部分：CALL TO ACTION 行動召喚

最後我再公開我開放的課程班表，讓大家報名。

第六部分：FAQ

補上了課程報名前常見的 FAQ。

PPPP：有節奏的推坑策略

以上就是 Landing Page 的基本套路。

看完以上這兩個例子，如果再回去拆解國外的登陸頁，你會發現它們都是以同樣套路去進行。

Landing Page 的節奏其實是一種很有效率，繞過人類心防的套路。好的 Landing Page，很容易讓訪客逛到類似結構的網頁，一頭熱就 CALL TO ACTION，付費購買產品。

不過 Landing Page 這個節奏，不是 21 世紀才出現的黑科技，當我做學術研究時，就意外地發現這個套路。其實在一百多年前，美國的直銷郵購信上就用上了這個套路。這個節奏套路，甚至一般的 90 秒電視廣告，也用很凶。

這個套路叫做 4P 套路。

* Picture（**賣你一個夢**）
* Promise（**承諾有辦法提供解決方案**）
* Prove（**證明我有能力提供我所宣稱的好處**）
* Push（**催促顧客現在購買**）

2-5

一份逆向工程問卷，找到你的推坑策略

這個套路為什麼這麼邪門呢？

有一支著名的 TED 影片：Golden Circle，演講者 Simon Sinek 解釋了這個原理。

世界上大多數的人都這樣推銷：「這是我們的新車（What）有很好的油耗表現。有皮革製的座椅。(How) 買我們的車吧！」但通常到這裡就賣不出去了。因為「找不到理由 (Why) 購買啊！」

但蘋果是這樣賣東西：「我們所做的每件事，我們相信都在挑戰現狀，我們相信用不同的角度思考 (Why) 我們挑戰現狀的方式，使我們的產品有美好的設計，容易使用而且迎合使用者 (How)，我們只是恰巧做了很棒的電腦 (What)。」

完全不一樣。這個原理這麼有殺傷力。背後的原理不是心理學，而是生物學：

- **大腦最外層的大腦皮層對應的是「What」層次 (理性，分析的想法)**
- **中間兩個部分組成腦的邊緣對應「How、Why」層次 (所有的感情，人類的行為與決策)**

當推銷員在敘述規格的時候，大腦皮層能夠分析這些是代表什麼意思。但不能觸發決策行為。所以厲害的行銷方案，得從 Why 開始寫起，才能第一時間抓住人心，甚至打動人心。

如何設計出有殺傷力的 PPPP

當我發現原來人類的決策原理是如此之後。反向設計出一個能夠快速寫出厲害 PPPP 的套路。

這個方法是一套問卷，這套問卷有三個問題：

- **當你用了、做了、學會 OOO，完成什麼事後。你最想要達成什麼目標？**
- **當你在做 OOO 時，你最討厭的事情是什麼？**
- **當你學會、買到、知道 OOO 後，你最想要做什麼事？**

別小看了這套問卷。看起來很簡單。這個問卷的套路反過來的問題，其實對應了 Why / How / What

- **當你用了、做了、學會 OOO，完成什麼事後。你最想要達成什麼目標？** (Why)
- **當你在做 OOO 時，你最討厭的事情是什麼？** (How)
- **當你學會、買到、知道 OOO 後，你最想要做什麼事？** (What)

以下我以一個減肥產品做例子。下面是我收到的問卷答案內容：

當你學會「減肥技巧」，完成「瘦身」後。你最想要達成什麼目標？

- **完美身材。**
- **大家目光都在我身上。**

當你在「進行減肥」時，你最討厭的事情是什麼？

- **瘦的速度不夠快。**
- **容易復胖。**
- **減肥很難受。**

當你學會、買到、知道 「減肥技巧」 後，你最想要做什麼事？

- 穿上以前的衣服
- 穿上小號尺寸的泳衣
- 游泳時能夠有自信

好！讓我們把上述的問卷結果，反過來寫成文案。

你看這樣殺傷力是不是很強呢？把消費者的答案反過來寫，就做出威力強大的 Landing Page。更重要的一點是，這個殺傷力這麼強的 Landing Page，我們都還沒把真正的產品合成上去呢！

為什麼沒合上去呢？我希望讀者在這章瞭解一件事：

> **消費者其實不是想要買你的產品，他是想要買「內心更好版本的自己」。**

所以，產品是什麼。本身根本就不重要！

2-6

三個問題鎖定目標客戶
與利基市場

那麼我又如何用 Landing Page 找到利基市場呢？

一開始，我只知道我要教 Rails。但是想學 Rails 的人背景都不一樣，我不知道怎麼開始比較好，於是我就設計了前述的問卷：

1. 當你學會「Rails」，「學會開發網站」後。你最想要達成什麼目標？

- 創業。
- 找到高薪程式開發工作。
- 變成即戰力程式設計師。

2. 你在「學習開發程式」時，你最討厭的事情是什麼？

- 做完範例後，要製作自己的網站時發現無能為力。
- 教材對新手不友善。
- 範例都是留言板等級，沒有更深的，也沒有更實用的。
- 學不到進階技巧。
- 進步速度很慢。
- 沒有人在我學習時拉一把，卡住很痛苦。

3. 你學會、買到、知道「網站開發技巧」後，你最想要做什麼事？

- 找到理想的工作。
- 開發能賺錢的網站。
- 串接金流。面試官都會問這個。

我從這些答案裡面找到大家真正想要做的幾件事：

- **快速學會**
    - **用程式設計賺錢**
    - **串接金流**

所以，課程設定的參加者是這些人：

- **職涯倦怠，生涯跑道轉職者**
- **想大幅縮短 Rails 上手時間的初心者**
- **想快速掌握 Rails 最佳實務的開發者**
- **想學習如何設計出商業產品的創業者**

因為用了這個方法，我找到了想學到 Rails 真正的利基人群。開發出真正適合這些人群的商業課程而大獲成功。這個課程最鼎盛的時期，一個月我收了 80 位學生，連課都要拆成兩班上，助教請了八位，差點累垮。

如果當初創業的做法是「先按照我對軟體工程界的理解，先開發出一套我自認為對新手好的課程，再對外行銷。」結果就不會這麼好了。

所以，如果你有想法或有一身本領想創業，要做的第一件事情，真的不是去開發產品，而是用 Landing Page，去測試市場。

一定能夠讓你少走很多彎路！

PART 3
如何低成本在實做前就找到正確方向

既然有辦法只用一個網頁就測試 IDEA 是否有市場，那麼是否也有低成本，能夠在實做軟體前，測試開發的功能是否有必要被實做的方法呢？

答案是，有的。

3-1

逆向法：學習亞瑪遜
如何發佈產品

創業以來，我一直很欽佩一間公司，這間公司就是 Amazon。Amazon 的 AWS 產品（雲服務）架構很龐大。卻也有幾項特點：

- 每項服務都非常實用，不是幻想出來的服務。
- 在上線第一時間，客戶檔（API 檔）非常齊全。
- 產品一上線在使用者端幾乎無 BUG。

這件事在軟體界很奇怪。照理來說，越大的工程，越大的產品，在剛上線時總是會這個壞一點、那裡爛一點。而且產品做歪掉（不符合市場需求），更是家常便飯。 所以我一直很好奇它們背後有沒有什麼特殊工法，能夠在開工前就儘量做對？

2012 年，Amazon 的前產品經理 Ian McAllister 在 Quora 上揭露了這個秘密。

―――

逆向法

他提到 Amazon 內部的做事方法叫做「逆向法」。跟其他團隊做事的方式不一樣。別人做專案都是從一個產品的想法開始，開發各樣功能，上線後再試圖把客戶綁在上面。

但是 Amazon 的作法是從顧客需求開始，方法像下面這樣。

專案批准後，產品經理必須先寫一份內部新聞稿，宣佈這個產品上線。

新聞稿的目標受眾是新用戶、更新產品的客戶，這些客戶可以是產品使用者，也可以是工具或技術的內部用戶。這份新聞稿專注於客戶有的問題，當前解決方案（內部或外部）為什麼失敗，以及新產品如何取代現有解決方案。

如果列出的好處對客戶來說聽起來並不有趣或無法令人激動，那麼這個專案或功能就不該被開發。產品經理應該不斷地在新聞稿中進行迭代，直到他們得到真正聽起來像「好處」的好處為止。

你發現了嗎？

> **在新聞稿上迭代，比在產品本身上迭代要更便宜得多（而且更快！）**

預先樹立產品北極星

我看到這個方法時，大拍一下我的腦袋。對啊！我怎麼沒有想到，其實連功能規劃都可以不寫一行程式呢？於是，我之後開發的專案，確立前都會先寫一份新聞稿。

寫新聞稿的目的有幾個：

- 在紙上預先迭代出真正有價值的產品版本。

- 讓所有參與開發的產品經理、程式設計、營運、業務與行銷人員。
清楚知道開發這個產品的目的。

- 降低溝通成本，以免內部吵架時，新增不必要的功能，或者不小心
砍掉必要的功能。

用這個方法確立專案後，走彎路的情況真的少了非常多。

新聞稿格式

一個產品的「預先新聞稿」可以怎麼寫呢？

- 大標 Heading：以讀者（即您的目標客戶）理解的方式命名該產品。

- 小標 Sub-Heading：描述產品開發給哪個市場？哪些用戶？以及他
們會得到什麼好處？

- 總結 Summary：對產品以及效益進行總結。假設讀者不會再讀任
何其他東西，所以要把這一段寫得很好。

- 原始問題 Problem：描述你的產品解決什麼問題？

- 解決方案 Solution：描述您的產品如何優雅地解決問題？

- 公司內部的一句話 Quote from You：公司內部的發言人會怎麼形容
這個產品？

- 如何開始 How to Get Started：描述這個產品是多麼容易開始。

- 顧客見證 Customer Quote：提供一個虛擬的客戶，使用過後會有什
麼好處與感想。

- 收尾以及行動召喚 Closing and Call to Action：總結並且告訴使用
者該去哪裡行動。

3-2

用一篇新聞稿，逆向開發方向
正確的專案

以下是我們當時做 OTCBTC 時，預先寫的新聞稿。要注意，這都在我們尚未真正開始開發產品之前！

讓我們一起來看看這份新聞稿。

═════════

寫作範例 -1： OTCBTC 產品的開場

我們自豪地宣佈，我們公司新開發的區塊鏈場外交易平臺 OTCBTC（https://otcbtc.com），即將在 2017/10/26 晚上 20:00 上線。區塊鏈愛好者可以在 OTCBTC 享受全中文介面、安全 (KYC)、流暢的場外交易服務。

OTCBTC 目前支援的幣種會有 BTC / ETH。法幣支援 CNY、TWD、HKD。在未來的 2 周內，我們還會上線更多熱門幣種，例如 EOS、GXS、Zcash 等等……

開幕期間（2017/10/26–2017/11/30），手續費優惠為每筆廣告成交金額的 0.1%。優惠結束將會調整回正常價格。

═════════

寫作範例 -2：為什麼我們要打造 OTCBTC.com

一直以來，身為區塊鏈堅定支持者，我們就希望區塊鏈交易能在世界上更多地方被普及接受。然而，區塊鏈與法幣中間的兌換管道，時常受到世界上許多地區政策性的影響。

特別是在 2017 年下半，中文地區的區塊鏈交易受到嚴重、強烈的影響。我們身在行業當中，也積極想要找到一個地方可以安心的交易兌換自己的區塊鏈資產。然而，我們自己找了又找，發現靠譜、安全 (KYC)、容易上手，又對中文世界友善的 OTC 平臺如同鳳毛麟角，幾乎不存在。

世界上主流的區塊鏈 OTC 幾乎全為英文世界打造，而且多年來在經營操作上並沒有進展。例如：

* 只支持 BTC（竟然不支持 ETH）。
* 不支持 Altcoin (如 EOS、Zcash、GXS、ERC20)。
* 違反人性以及醜陋的介面。
* 只支持英文。
* 沒有對中文世界主流的法幣交易流程進行優化。

在幾經思索以及身邊朋友鼓吹之下。最後決定，既然世界上沒有，不如我們自己打造一個平台吧！這就是 OTCBTC 的誕生由來。

OTCBTC 團隊前身背景是大型的區塊鏈投資平臺開發經營技術團隊，對於資產安全保護、防止欺偽 (KYC)、中文世界區塊鏈交易流程優化，以及客戶體驗各方面皆有深厚的經驗。

我們相信 OTCBTC 將會（未來也將致力於）成為世界上最好的 OTC 區塊鏈資產交易平臺。

寫作範例 -3：如何開始使用？

1. 註冊

2017/10/26 晚上 20:00(UTC+8) 我們將開放用戶註冊。

2. 通過身份驗證（KYC）

未通過身份驗證：可交易 1,000 CNY 以下等值區塊鏈資產。

通過身份驗證：可交易 1,000–50,000 CNY 等值區塊鏈資產。

通過進階驗證：可交易 50,000 CNY 以上等值區塊鏈資產。

3. 立即開始交易

———

寫作範例 -4：用戶的評價

這是這一兩周內部測試後，用戶給我們的評價：

- 第一次體驗到這麼好用的場外交易所！
- 拿到幣的瞬間有股暢快感。
- 更安心更方便。
- 交易過程很流暢。
- 我終於敢進場買幣了！
- 終於可以擺脫醜死難用的 Localbitcoins 了

現在就開始進場！

OTCBTC https://otcbtc.com

2017/10/26 20:00（UTC+8）開放註冊與交易。

歡迎告訴你周遭的區塊鏈愛好者，一切才剛剛開始！

逆向法的好處

逆向法的好處是能夠預先確立目標與時間。不容易走歪。

其實仔細回想。專案成功的定義是：

1. **在時間之內上線 (on time)。**
2. **不超過原先預計的功能範圍 (on scope)。**
3. **在預算之內上線 (on schedule)。**

但是絕大多數的專案項目都做不到這一點。因為這些專案項目 99% 的特點就是想要做一個「極其厲害且周全的產品」。但這個目標並不算「明確的目標」。所以走著走著大家就迷路了，但迷路的代價又極大。

逆向法做的只是「指出明確的目標」。以明確的目標回溯倒推後面所需要的時程與投資。減少無謂的迷茫。

在我做產品十年間的這段探索歷程中，發現「逆向思維」在許多成功團隊的心法裡面無所不在。如果你在產品開發上遇到困難。下次不妨逆向一下！先寫下你要去哪裡，再倒推實做方法！

3-3

有人拿錢逼你做的才是好點子

從亞馬遜的逆向法，回推「如何找到創業正確方向」這件事，我們就知道，在開發產品之前，先確定這個產品是真的能讓人掏錢出來買，是非常重要的一件事。

這裡舉我某一次找到 Product Market Fit 的創業點子。2015 年，當時我回臺灣開課，Rails 班這個主題，我知道臺灣的確有市場，但最後可以收到兩百多個學生，我自己倒是挺意外的。Growth Hack 這門課更不用說，上課人數有一千多人。

這兩個結果都出乎我意料之外，我原本認為市場很小，或者幾乎沒有市場。

我認為 Product Market Fit 的方向有一個很重要的特徵：在於你的起頭必須是「有人拿錢逼迫你去做這件事」。否則可能是假議題。

當初開課我還曾經遇到一班學生，是高雄地區有人想上課，自己湊了 19 個同學組一班希望我開。而 GrowthHack 講座，是因為第一批想聽的學生高達 100 人。即便門票價格漲到很貴，還是有人願意聽。甚至反覆聽好幾遍。這代表這件事是很鐵的剛性需求，代表有市場。

Segment.io 的創辦人分享了一段經驗：怎麼判斷假需求、真需求？他提到有一次他們去用戶公司 pitch 新 idea 時，客戶對於他們前幾個 idea 表示「也許我會用」，「這個沒用處」。但聽到其中一點時，突然很激動，把外面的同事找進來直接討論，還現場開支票逼他們現在就要把這功能作出來。

這功能才是真的被需要的功能。

那些「也許我會用」的都是客套話。

> **真正能夠 PMF 的 idea 必須是有人拿錢逼你作，才是真的 IDEA。**

能 PMF 的點子如何迭代與成長？

我認為早期第一批用戶非常重要。第一批用戶就是那些有剛性需求的使用者，在你的產品很破爛時，他們還願意用，還願意耐著性子提供給你意見。這表示這個需求是痛中之痛，再破他們也需要，簡直是絕望了。

所以這些人給你的意見絕對不能可聽可不聽。這批客戶講的每一點你都需要改進。因為這就是你產品核心功能所缺的項目。

我們就是用 onboarding 大法，預先在第一輪第二輪就盡可能把我們產品的缺點趕快修正。因為要是第一到三輪沒做起來。沒有留存率，可能推薦迴圈就跑不動，後續整個完蛋了。

這兩輪的使用者測試，是打磨產品的好時機。錯過以後，後面的用戶意見就會變得很分散。相同的方法也用在 OTCBTC 上。我們前四周瘋狂迭代，同事集體睡在公司。追求的目標就是在前面幾周迭代到把迴圈引擎跑起來。我們知道必須跟時間賽跑，否則後面就不能啟動成長推薦引擎。

PART 4

程式設計師創業遇到的十一個誤區

在這一章,我們先不談創業方法。我想改談一些創業路上走過的坑。

我認為,在創業前改變一些視角,提升創業成功的機率,遠比學習方法論更重要。

一路以來,在創業路上我走過不少坑,可以說把程式設計創業會掉進去的坑都掉過一遍了。這些坑,與其說是坑,還不如說是創業市場上的「反常識」。創業市場是一個很違反常理的領域,絕大多數你在公司當高層管理人或資深工程師時,所學到的最佳實踐,在創業時反而無效,更多時候甚至還會害死你。

我希望分享這些創業路上的故事,能為大家帶來一些啟發。

4-1

創業其實是一場忘記過去自己，重新學習的過程

我在創業前，是一個頂尖的軟體工程師。

2012 年到這本書寫作的時候（2018），過了六年。這六年，我覺得基本上是一個 unlearn 的過程。什麼叫「unlearn」？就是所有我在程式世界學的 best practice，在這六年來都崩解了。曾經信奉的最高信仰教條，在我創業的時候全部都崩解了。

當中最讓我感到矛盾衝突的地方在於，我以前的角色是軟體工程師大神。我意識到這些秩序陸續在我面前崩解，我以前信奉的概念都是錯誤的，而且之後跟我後續創業的公司裡面的工程師分享這些領悟時，他們「不相信」。

到底是哪些「反常識」呢？

———

反常識：程式碼品質並不重要

比如我跟他們說：「創業專案不需要太注重 code 的品質，趕快上線才是王道」。他們就會覺得我是不是不會寫 code，才會講這種反常識的話。還有我可能會說：「創業剛開始就不需要注重擴展問題，code quality 不重要」。他們聽到後都感到很震驚，紛紛懷疑我當年

的功力是不是假的。

當然，我不是沒有技術功底。如果我沒有技術功底的話，ico.info 與 OTCBTC 這兩次風口閃電戰，不可能打得這麼成功。這兩個產品都是瞬間上線，之後上線第一周就有非常大的線上壓力與迭代壓力。

所謂的「不需要注重擴展」，只是我的一個「選擇」。

> **軟體開發所謂最佳實務，是穩定後的最佳選擇。
> 而不是創業時的最佳選擇。**

我覺得程式設計創業會遇到的最大的盲點，是這些工程師會把之前上班時學到的 best practice，帶到創業起步的觀念裡面。

我認為這是最恐怖的一件事情。

因為程式設計是一個特殊的工作種類。程式設計會在公司出現的階段，通常是公司已經「穩定」以後，才會被雇用。甚至他們的工作，就是被找來重新架構那些混亂的「生意邏輯」與「不堪使用的程式代碼」。

所以很多程式設計師不太知道「生意是怎麼做起來的」，甚至還會認為「自己是救世主」，被派來拯救這一團混亂。而會選擇出去創業的程式設計師，通常背景會是「資深程式設計」或者是「程式設計大神」。這個級別，通常才會覺得自己有資格有實力出來創業。甚至這個級別的人，對於「擴展」這個技能，已經練到登峰造極了。

程式設計師，主要的工作職責是：

- **將重複的過程自動化。**

- 將系統優化再優化。
- 讓程式碼結構乾淨，可擴展。

整個職業生涯領域，都在朝這個方向不斷精進打磨。但程式設計師所身處的公司階段，通常是一個處於有盈餘且公司並沒有生死存亡的問題需要面對的階段。所以程式設計可以「好整以暇」慢慢打磨產品。而做好這些擴展，重構，都需要耗上大量時間。

不過，創業時就很不一樣了。

創業從 0 到 1 這個階段，時間資源很寶貴。如果幸運的在創業時遇到一個風口，如果你的專案不在正確時間上線，這場遊戲就會完全沒有你的份。而且創業的重點，在於做出「有價值的產品」。至於產品內部的品質，那是活下來有資源以後才追求的事。

對於大多數人（甚至是 100%）來說，有時候創業有點像是一場賭博。

很可能你做的產品，只有你自己需要，但別人可能沒有需求。又或者是你的產品，可以有幸擴大，有很大的族群使用。但在大多數的情況下，這件事情很碰運氣。

如果創業一開始的作法，就是專注在打造一個底層很棒、很能擴展的厲害產品。這個策略就有點像是上賭桌時，一開始就 ALL IN 在一個很容易失敗的選項。有很高的機率會陣亡。

而且，人有種奇怪的傾向。就是傾向相信自己一開始的決策是對的。既然一開始 ALL IN 自己的所有資源，而且也花了兩個月的時間寫程式。自然就不太願意相信當初的選擇是錯的。後續就在錯的選擇決定上，一再迭代，拼命希望它是正確的。

我最常看到很多程式設計師創業失敗的標準典型：「覺得自己做的

產品這個很好，程式碼也寫得很漂亮，當初也花了許多時間籌備，但反覆迭代六個月，最後還是無法運作。」

事實上創業會成功的人，反而是那些不太會寫程式碼的創業家。或是懂得寫程式碼，卻覺得創業一開始不需要寫程式碼的連續創業者。光是用 Landing Page 驗證點子，就賺到一大堆錢。

創業實際上是件很反直覺的事。因為你沒有辦法相信，自己練了多年的武功，在創業這個世界沒有用。

我第一次認知到這件事情時，打擊很大。

因為我剛開始的時候，想要創業，但我不會寫程式碼。於是我就去學寫程式碼，練了多年之後，終於變成高手。變成高手後終於出去創業了。創業後卻發現學了那麼多年的程式碼與架構，一點用都沒有，我內心很崩潰！

創業初始接下來的六年當中，我基本上是一直試圖忘記我曾經學到的東西，那些東西會害死你。

4-2

第一誤區：以為成功創業的程式，底層程式代碼一定是乾淨的

Over Engineering（過度設計），我覺得這是會讓程式設計師最慘的一個習慣。

如果你仔細觀察，國外創業成功的 Startup，YC 投資的那些 Startup。創辦人都有一個特點，要嘛他不會寫 code，要嘛他只會寫一點點 code。不過這個事實，會讓程式設計對他們感到嫉妒、感到很不公平：「我是一個厲害的程式設計，我這麼會寫程式，理所當然創業會比它們厲害啊！」。

雖然頂尖程式設計內心會這麼想，但事實不是這樣發生：「你很難看到程式設計或軟體工程高手，最後成為成功的創業家」。

這當中的差別，在於：

- **成功的創業家，內心根本沒有「乾淨的程式碼架構」這個包袱。**
- **成功的創業家，反而是看到強大的市場需求，捲起袖子馬上先幹再說。**

Github 的創辦人，他們也承認他們創業一開始，裡面並沒有 Git 的高手。而是先發現這個需求後，開始寫了一陣子才找 Git 高手進來。我認識 Github 裡面的程式設計，他說早期 Github 裡面 code 也是爛的很嚴重。

很多人覺得 Github 是程式設計師的神聖殿堂，程式碼怎麼可能很差勁？但是早期裡面的程式碼，基本上真是慘不忍睹。甚至，很長一

段時間，他們的程式碼都還卡在 Rails 老舊的版本上。不能升級的原因，還是因為沒有寫測試，所以升不了版本。

我創業前待的矽谷創業公司，做的是外賣服務（2014）。創辦人一開始創業的時候，也根本不會寫程式，YC 投資了它們，再逼創辦人去寫程式碼。所以服務的 API 與後臺，是創辦人自己寫的。

系統的程式碼是我擅長的技術：Ruby on Rails。當初剛進公司，職責主要是帶領技術團隊，擴展重構這個服務。但是上班第一天，我把程式碼拉下來，接著呆了一個小時。為什麼？

正常情況下，我們在開發時，都會要求資淺的工程師，在一個 Controller 檔案裡面，不得寫超過 200 行的程式碼。超過 200 行就表示業務邏輯複雜，需要重構。

然而，我拉下來的這套程式碼，一個 Rails Controller，竟然足足有一萬多行！我震驚了，難怪功能加不上去，改不動。所以，我進公司的第一個任務，就是把這支一萬多行的程式碼分拆乾淨。而且線上不能爆炸。

一萬行的程式碼，在一般正常的程式設計團隊裡，簡直無法想像。

當團隊在重構時，大家一邊重構一邊罵，為什麼創辦人都沒規劃就在亂寫程式碼！根本沒想清楚，想到什麼業務邏輯就先加上去。程式碼醜得驚人，團隊裡面的每個工程師都在狂抱怨。

問題是當輪到我自己創業的時候，特別是那兩個非常火爆的服務平臺 ico.info 與 OTCBTC。也遇到相同的狀況，遇到什麼需求就馬上加程式碼。因為客戶需求實在太大了。幾乎所有的功能，都只能先 workaround（治標，臨時解決）。

很多程式設計都會有這樣的想法：「我創業一定要按部就班，一切

規劃完美，然後執行上線。因為我老闆就是創業時亂寫東西，搞到後面很多地方都要打掉重練，讓生意無法快速擴展。所以我自己創業，一定要吸收這樣的教訓。一開始就把程式碼寫好。」

但是，我必須坦白說，這種事情是不可能存在的。

如果這件事情存在並且有人做到。這個人一定會大寫特寫部落格大肆炫耀，仔細記錄自己如何完美規劃，並且有效執行、上線。但一直以來，世界上還沒有出現這件事。

就表示這個幻想：「仔細規劃，完美執行上線」，存在的機率，相當渺茫。

4-3

第二誤區：預先解決不存在的
問題，例如水平擴展

軟體工程界現在很流行一個 buzzword：「微服務」（micro service）。指的是把每個功能，都拆成一個個封裝完備的小服務，由小服務堆積成為大服務。用以追求效能上的擴展。

「水平擴展」這個詞，有點像是程式設計界的春藥，聽到就容易高潮。

很多人對於比較有名的服務都存在一個幻想。有名的服務一定是用了厲害的技術、水平擴展各種高級技術。但是，現實生活中的場景不是這樣。絕大多數公司，都是加機器、加機器，死命撐，撐到有大神加入來救他們……因為每天光是忙業務、改版都已經來不及，沒有時間與能力改架構。

舉例來說，我們 OTCBTC 雖然有很多服務，本身也不是用 micro service 打造的。

OTCBTC 從頭到尾就是一個 monolith 服務（就是把所有服務都放在同一個 Rails App 裡面）。有些程式設計在面試的時候，聽到這樣的架構，覺得很震驚。為什麼開發這麼多服務，卻不是拆分成 service 呢？不是那樣的架構才能水平擴展嗎？

當我們回答，這是因為創業精力有限，沒有時間拆，當時創業剛半年，生意卻已經發展得很大。我看到那些程式設計師眼底就會露出

「不屑」的神情。大概是這樣的回答，讓對方覺得我們團隊沒實力吧！

不過，其實我對這樣的反應也挺不高興。我內心 OS 是「你懂什麼？」這真不是我傲慢。因為我在程式設計生涯，沒見過多少個例子，創業一開始就是用微服務搭建專案，馬上就大獲成功。

反而看到比較多的例子是：一開始創業就採用微服務架構搭建，反而害死自己。

之前 2016 年，中國知識付費風口時，當時我在某個知識付費服務講課時，它們的底層服務就是用 micro service 搭建。micros service 一開始每個模組都拆得很小。雖然很小，有辦法維護，看起又輕便。因為這個服務一開始就要承載幾千人上線，但這是一種錯覺。幾十個小服務，疊在一起還是一個大服務。每個小服務，互相呼叫，都有通訊上的 over head。一旦流量灌進來的時候，很難知道真正的瓶頸在哪裡。

在知識付費的風口上，這個平台雖然想搶佔機會，但是他們的服務在業界口碑極差。因為這個服務可用度極低，每次當人數超過千人上線時，服務就會卡住。偏偏每堂課都是線上直播，老師跟同學都很尷尬。所以很多老師用過一次，生氣就走了。同學也對這個平臺的品質不敢苟同。

在知識付費的風口上，這個平台一直遲遲沒有辦法達到基本的可用度，最後就倒閉了。原本他們想要用微服務，一開始就先預先擴展，但聰明反被聰明誤，最後反而被這種架構整死。

如果一開始務實點，直接用一個大的成熟框架開發，可能就不會有這樣的問題：

• **內部沒有 overhead，搭建迭代速度很快。**

- 框架通常夠成熟，又開源。反而容易 google，知道那邊可能瓶頸最大，問題好解決。
- 再不行，就直接把機器換到最大台，直接收工。

但是這套服務，是由無數自己寫的 micro service 組成。要徹底 debug，就非常困難。因為這些 micro service，只是按照當初的假想去拆分。根本不是因為服務遇到了現實瓶頸去分拆，反而活生生搞死自己。

創業的重點，真的不在於底層架構如何設計。預先 pre-scale 反而變得無法除錯。反而是那些程式設計師不齒的一大包程式碼架構，卻是容易擴展的選項，要提升效能，用錢就能解決。錢也不是什麼困難的事，一旦產品有了市場，就有了流量，有了流量就有錢。有業績，就容易拉得到投資，到時候想請幾個軟體架構師，重構都行。

這是我看過最經典「微服務」害死自己的例子。

很多程式設計師都非常熱衷於這種過度架構 Over Engineering。我必須再次強調，我個人不是反對程式設計。我自己以前還是個技術精湛的程式設計師。我只是想強調，過去我也曾被這些觀念害得很慘。

所以現在聽到這些 buzzword 時，心裡常覺得不以為然。很多事情，真的是必須要先踩過坑，才知道這有多痛。而多數程式設計，並不知道這些觀念對創業來說，都是很毒的毒藥。

4-4

第三誤區：以為創業產品，需經完整規劃流程上線，才會取得大成功

第三個冤枉路，就是完整的流程。

很多業界的朋友出來創業，都會有一個執念：希望自己規劃的產品，有一條平整的道路，他們深信經過仔細規劃，完美執行，產品就會取得巨大的成功。

這種因果邏輯來自：業界廝殺很殘酷，不是每個人都有機會贏。你一開始這場遊戲，就會有人出來跟你競爭。一旦競爭開始，雙方會員就會開始比較，然後開始遷移。

業績下降後，內部檢討通常會歸因為：「自己的服務漏了這個也漏了那個，所以輸給對方」。接下來的推論，再深一層探討就會演變成：「一定是當初規劃不夠完美。因為規劃不夠完美，所以消費者因此選擇了別人，導致我們收入降低。別人有的這些功能，一定是我們當時沒有想到」。所以，當自己一有機會創業，能夠 100% 掌控、規劃、打造產品的時候，就想要一切規劃的更加完美。去彌補「以前犯的錯」。

這也是很典型的「倒果為因」。

我必須要說：「如果你的服務沒有人要用。不是功能寫得不夠完善，就是單純沒有人要用而已」。

沒有人要用的原因，有幾個：

- 你可能切不到用戶的痛點。
- 別家的產品雖然 bug 很多，但是你的產品沒有比他的好十倍。用戶沒有動機轉換到你這裡玩。並不是 code 規劃是否完善的問題，而是其他的問題。

創業最寶貴的資源其實是時間。如果創業者執著於把時間花在寫出完整的規格，那麼錯過風口基本上是必然的事。

創業其實是一場長途旅行，意外時常發生

要精確比擬的話，我覺得創業很像是在規劃出門旅遊。

出發前覺得前面道路是一直線，估計旅程大概是 50 天，就可以走到目的地。一開始你在路上走，規劃旅程中途要買什麼，住什麼旅館，訂什麼餐廳。一開始規劃好好的，甚至出發前也花了很多時間去做裝備補給以及規劃路線圖。

但真正上路完全不一樣，你會發現什麼事情都會出包，好像永遠都走不到你的目的地，甚至中間就被人家搶劫，還被打得要死。如果你一直要維持當初做的計畫，這段旅程，很可能會讓你極度痛苦。

我在第二次創業後，意識到一件事：創業根本不是能預先規劃的事情。

創業，要做的其實只有儘量避免在路途當中別死掉就好了。

最後到不到目的地，甚至都不是重點，重點是有沒有享受這個過程。在過程中又學習到什麼。

- 很多人一開始 Over Engineering，花太多準備功夫，還沒走到中間，錢就燒完了。

- 或是花了太久的時間，只在一個小鎮打轉。
- 或是出發前，沒有對一些意外做基礎的小保險，路上踢到個小坑摔死了。

創業這條路上充滿著 workaround。我在風口上創業時，坦白說，在初期都用一些很糟糕的臨時治標方案，去繞過眼前的難題。因為那是暫時間我們能想到的最佳解。

比如說 ico.info 一上線就遇到萬人在線的規模，但技術跟不上，資料庫沒辦法做到萬人在線。怎麼辦？

我就想辦法在流程上做了一些小障礙，比如說在搶投過程加一個 captcha。這就不需要實際做到萬人上線的壓力同時出現在同一個頁面，這種做法就變成分批幾千人在線上。這樣就好了，這也是一個解法。

創業路上，滿滿皆是這種高難度問題。但現有資源跟不上，唯一的解法只有不惜一切，用奇怪的低科技手段或者是暴力解決。

就像前面有石頭擋路，正常心智的程式設計會做的就是：大家圍著石頭，研討用切割機，算力學原理，以損傷周遭最低程度之類的方式處理搬走這顆石頭。想出最完美的解決方法。

你知道創業家會怎麼做嗎？
- 不要走這條路，繞過去！
- 如果真要走這條路，用炸彈把石頭炸掉，走過去。
- 或者是去弄一個彈簧床，跳過去。

創業家的的作法，簡單粗暴，就是 GET SHIT DONE。甚至極端一點，我認為在創業路上，任何一個狀況，只要花上超過三天的方法去解決，就是蠢方法。

創業沒有辦法被「規劃」

另外一個反常識是：多數創業當中遇到的挑戰，沒有辦法預先規劃解決。沒辦法規劃一個月以後的事情，只能規劃三天之內的事情。

在 OTCBTC 成長最驚險的生死關頭，在於我們創業五天面臨沒有明顯的大幅成長，而且強敵也上線了類似的服務。眼看著就要被逼死了？最後我是如何突圍的？

我當時想出了一個「千一活動」。

這個「千一活動」細節是這樣，Localbitcoins 的手續費是千分之十，當時我們為了搶佔市場，所以打出了一個手續費暫時千分之一活動。千分之一的手續費，這個活動設計目的在於，很多微信群組的群主，手續費是千分之五，千分之一能夠把所有競爭者掃平。而且能比千分之一有競爭力的手續費只有免費，但免費對於千一來說，並沒有足夠的殺傷能力。

會員試用以後，比較有疑慮的部分是想知道「暫時千一」的活動會到什麼時候。

所以當時我做了一個極度大膽的舉措。我寫公告推出了一個「永久千一」活動。我宣佈站上會員，即日起只要成交超過 2000 塊人民幣的訂單，超過五筆。就送一個千一永久資格，限量 200 名。

當時我的同事很緊張想阻止我，他的擔憂是：

- 永久千一會不會太過份？會不會利潤過低，害我們做不下去？
- 就算要做，也不能只寫一個公告吧？讓使用者申請的申請後臺我們也還沒寫好啊？

我跟他説，我不做這件事情，網站明天就沒人玩要關掉了，你還問我 code 在哪？

我把這個公告貼出去的幾個小時內，這個活動在幣圈就病毒式散布出去。大家開始狂刷我們的千一資格。每個幣圈微信群組都知道這個消息，大家都瘋狂下單。（本書後續章節會拆解這個「千一活動」更精妙之處。）

瞬間我們就打開網站的知名度了。而這個兌換系統的程式代碼，我在公告後兩天才寫出來，但我想要的效果已經達到了。

重點在於，當時那個生死存亡之際，沒人使用你的服務，留不住目標使用者的注意力，瞬間就被競爭對手勢頭掩蓋過去。沒人用你的服務，程式寫得再好也白做工。

重點真的不在於程式寫得有多好，而是在你怎麼想出辦法快速解決眼前的難題。

有些程式設計很不習慣，創業公司為什麼做產品沒有規範，反而充滿 workaround 以及政治不正確的作法，覺得很不正規。

但是，這才是創業公司，每天真正面對殘酷的狀況。創業公司所有遇到的挑戰都是都是動態生成，動態生成的挑戰沒辦法預先規劃解法。

我現在比較幸運，團隊成員都比較沒有這些包袱。因為很多人都是我當時 Rails 補習班的學生，後來跟我一起做公司的人，因為它們之前不是職業程式工程師，所以沒有那麼多包袱需要忘掉。

4-5

第四誤區：創業一開始沒有錢，
所以跑去接案，邊接案邊開發產品

我開始創業後，我自己最大的誤區是以為創業就可以賺到很多錢。

許多創業者創業的初衷其實很可笑，「我一身好本領，老闆當初給我的薪水低估我的身價。憑什麼老闆賺走那麼多的錢，我的功勞那麼大，但是我並沒有得到很合理的報酬。」

甚至很多工程師，看到老闆賺那麼多錢，心理不平衡。覺得老闆又不會寫程式，老闆能賺那麼多錢，還不是我幫他寫的程式，讓他可以把產品賣得那麼好。

創業應該沒那麼難，反正在寫程式時都已經知道老闆的 Knowhow，只要出去開一個 me too，跟他做一樣的事情，甚至做得更好，一定可以比老闆賺更多的錢。

這是多數程式設計出來創業時，比較天真的想法。

下一個衍生出的錯誤決策是這樣。

創業一開始，無論是誰都需要資本啟動。但是創業一開始，我自己沒有錢，身上只有技術。一開始我可以先幫別人寫程式代工接案，賺到第一桶金或邊接案邊做產品。

這是創業我走過最冤枉的一條路。

所以每當聽到軟體工程師要創業，向我請教創業相關問題。我都會

勸他們：別接案了。想創業去跟銀行貸款一筆錢，直接去做你想要的產品，別繞一大圈。

為了「想創業」而去創業。是一個完全錯誤的開始。

怎麼說呢？

沒有錢也不知道怎麼開始「冷啟動」（指的是在產品初期，從目標使用者轉化為種子使用者的過程，是網路創業初期時都會遇到的難題。）說難聽一點，這個問題根源在自己不知道「如何創造價值」（諷刺吧？想創業卻不知道如何創造價值）。所以想到的方法只能賣自己的技術，幫人做外包。

但是做外包這件事最坑人的盲點在於，外包的本質並不是「賣技術」，而是「賣時間」。接案這件事的本質是「你的時間只能賣一遍」。

而且接案是一個挺痛苦的行業。接案的壞處在於：

- 接案的時候，就算你的產出是 100 分，業主也只會覺得這些產出是 60 分。做 120 分，業主覺得這剛好在他心目中也頂多是 80 分而已。但是，如果你做 60 分 80 分，他會覺得是 20 分。
- 接案有淡季，有旺季。員工看你旺季很賺錢，但他卻不知道淡季不賺錢。Billing hour 很容易被知道價錢，他會覺得老闆在 billing hour 上賺那麼多錢，怎麼都沒有分員工。
- 接案公司員工，也不喜歡自己反覆做不同的新產品，他會覺得沒有跟著產品共同成長累積。所以這些剛訓練好的員工，在訓練好能夠獨當一面的時候就走了，流失率很大。

所以接案這個行業，本質上等於：

- 只是賣時間
- 幫別家公司訓練工程師，自己的公司沒有累積資產。

我後來認為，與其去接案得到這樣的結局，還不如繼續上班。

行業有一個理論：就是如果你創業沒有賺超過之前工作薪資的三倍，根本是賠錢的事情。所以我建議適合創業的狀態，是你知道自己確定能做出什麼有價值的產品，再出來開始。

萬一沒有錢開始，第一筆資金又沒人投資，就去跟銀行借錢。

接案這個方向是下下之選。

因為接案所賺到的金錢，跟接案剩下來的時間，都不夠用來開發產品。這麼緊迫的資源，只會產出一個不怎麼樣的產品。另一方面，產品開發的時間也會過長。等到你產品做出來後，機會也錯過了。

接案，我認為這是最不值得的一條路，所以我完全不會建議程式設計創業一開始就去接案。

4-6

第五誤區：錯判風口的重要性，以為「風口上的豬」只是純粹幸運

創業怎麼挑 IDEA ？

我見到一些人挺瞧不起風口上興起的企業。「風口上的豬，有什麼厲害？還不是幸運遇到風口而已？」我以前也會有這種偏激的想法。特別是看到那些幸運兒，說實在，我們外人在旁邊看這些企業，覺得實力也不怎麼樣，憑什麼他能夠站上去？

後來我真的站過幾次風口之後，我才發現風口上能飛的真不是豬，都是神人。

因為風口裡面被弄死的人，真是多到無法想像。在風口裡，勉強站穩都很困難了，更何況是能穩穩飛上去的人。

我幾次比較成功的創業，都是飛在風口上。我第一次在風口中央的時候進去。第二次在風口前、第三次我自己在風口還沒打開的時候，嗅到那個壓力很大，趕緊衝上去。有的朋友很羨慕我，覺得我老是想到正確的 IDEA，一炮而紅。老實說，是這樣的……

我在這裡舉個真實發生的有趣故事。大概三、四年前，我還在苦苦掙扎時，我遇到一個很有錢的創業家，請我幫他找程式設計。我說我蠻羨慕你這個生意獨賺。你怎麼會想到做這個 IDEA ？這想法真是太聰明了，一般人都沒有想過。

沒想到，他竟然跟我抱怨：「你知道我根本不想做這個，我根本不

喜歡這行業，做這個行業不是我熱愛的行業，當初只是不小心踏中風口而已。雖然這很賺錢。我做這個行業，很糾結也很累。你不要以為我現在很有錢，其實超級痛苦。我一天到晚想把這生意賣掉，去做我想要做的行業」。

我聽了就覺得，你說這是垃圾話，不跟我講就算了，還跟我說你不喜歡這門生意，只是無心插柳。但是，我後來跟一些成功的創業家朋友聊天，他們也一樣，都跟我講相同的垃圾話。我覺得他們都很小氣。

但是，後來其他創業家來請教我，為什麼我一天到晚可以想到風口上的生意點子，還賺到不少錢？我跟他們分享我的「肺腑之言」，他們聽到的反應卻跟我當初聽到那些創業家前輩垃圾話的反應一模一樣。

要認真說起來，我人生的夢想是去作一個 SaaS 服務。像 slack 那樣的軟體，正向擴展賺大錢。怎麼可能是去教書？你以為當初去教書，做教育事業是我希望做的事嗎？（特別是程式設計去當老師，還會被同業看不起，認為是混不下去才會去教書。）

去做比特幣交易所，是我從小的願望嗎？怎麼可能！

這些行業，完全不是當初我想做的事業。我只是在時機到的時候，發現有需求，站在那裡做出來，然後就爆紅了。現在搞到我的生命裡面就只有虛擬幣，我也挺痛苦。我是一個教育家，去做虛擬貨幣交易所，內心太掙扎了。

程式師得開創第二個人生，才能真正有效創業

第一次創業的軟體工程師，經常好奇如何找到創業的 IDEA ？

我以前也問過矽谷的那些創業家，它們的回答是，要做你熱愛的事

情，去解決領域裡面沒人解決的事。我在 2012 年前，聽到這種回答也是嗤之以鼻。因為那時候我的生命裡面，只有寫程式碼。

你知道熱愛寫程式碼的工程師，創業會寫什麼題目嗎？「專案管理軟體」。

所以市面上到處都是一堆「專案管理軟體」，程式設計最痛苦的問題是開發流程。

你不要以為我沒開發過這種產品，我真的有寫一個，但是最後沒上線。

我之前當程式設計的時候，是沒有人生的。沒有人生該怎麼辦？當然是尋找我的人生。

我後來真的開始賺錢，是開 Rails 補習班。這是我另外一段人生的開始。我因為很會寫程式碼，所以我有辦法教人寫程式，後來我甚至擅長教人寫程式。我對教學開始有熱忱之後，花了很多時間改善教學效率，並且有辦法做到大規模水平擴展。

這就是我新的人生。

我回想從前，難怪以前我做什麼都不是很成功。因為根本沒有人生啊！程式設計的世界是個很單一的世界。我以前思考很單一、單純，甚至很薄弱、很狹隘、很可笑，就像現在有時候我也會覺得工程師的視角很狹隘一樣。因為我以前也有過那個時期。

但是，在這個世界上，要能夠真正賺到錢，唯一的途徑就是貢獻自己的社會價值。這件事必須要擁抱現實，擁抱人生才有辦法做到。

以前程式設計師在公司內覺得銷售部門提的需求都很骯髒、客戶服務部門提的需求都很麻煩。認為這些提需求的人都是奧客，我們的服務要「作給欣賞我們價值的用戶」。

如果創業抱持這種思維的話，做出來的產品沒有人用，很正常。

因為工程師的價值觀與正常人的人生其實不太一樣。真實的世界是「很髒的」。我後來會找到創業的方向，賺錢的方向，也是因為我重新找到人生。

我後來為什麼去做比特幣交易所？因為我在業餘時間，看到別人在玩虛擬貨幣很有趣，也賺到錢。看到別人買了幣、賺了錢，所以我也跟著買幣。後來玩很凶，每天都要看行情。最後開始寫搬磚軟體，並且投 ICO，所以我寫了一個投 ICO Service。

買了一大堆幣，我想要把虛擬貨幣換成法幣，有這樣的需求，又不信任別人的服務。所以最後就寫了 OTCBTC，因此賺到錢。這就是我新的人生，意外但又不意外。

這一切都不是預先規劃好的安排。也不是看別人做了什麼，所以自己才去做什麼。我創業做這些服務，是想要在當下解決那個自己覺得很重要的問題。

如果你創業的策略是，看別人做什麼賺了大錢，接著想辦法複製對方。絕大多數情況下，這是個沒有用的策略。程式設計師雖然具備自動化的技術，但創業是靠生意裡面的諸多細節。單憑程式去創業，不可能會成功。

創業能夠賺到錢的題目，是社會上壓力很大但尚未被解決的問題。

而所謂「風口」指的就是壓力很大的領域；壓力很大指的是「需求存在」但「社會基礎建設跟不上」。

從這個議題也引領出下個我想要分享的領域：天使投資。

4-7

第六誤區：以為天使投資
是慈善事業

創業取得第一筆啟動資金的方式有很多種。其中一種類型是投資。

一般典型的投資，不僅要求創業者說明獲利方式，也會對企業做盡職調查。有些投資人，甚至希望參與公司運營。所以有些創業者，比較想取得所謂「天使投資人」的資金，不希望公司經營太過被干涉。

一般人對於「天使投資」的粗淺認知是這樣的：

- **看到 idea 以及人對了，就爽快投資，也不會做太複雜的調查。**
- **不干涉公司經營。**

「天使投資」本質上應該正名為「早期項目投資」。冠以「天使」之名，讓很多創業者誤以為「天使投資」是「善心」資助年輕人創業的感覺。也因為這個錯誤的感覺，一些碰壁的創業者，會將融資希望放在「天使投資人」身上，希望這類型的投資者能夠「善心資助」他的夢想。

我後來上了 YC 創業公司投資者學校後，才發現對「天使投資」這個詞誤會可大了。所謂「天使投資」並不是善心投資，而是投資策略的一種，本質上是「早期專案投資」。

早期專案投資的策略是：假設這位創業投資者，手上有一千萬，一次投一百間，每間投資十萬，在這當中有一百間公司，有一間公司這筆投資賺了一億，也就是中了一千倍。那麼這一千萬的報酬率，最後

就是賺 10 倍。雖然有 99 間公司失敗，但無所謂，因為新創公司非常
容易失敗。有人統計過，五年之內，只有 1% 的創業公司能夠存活下
來。

因此，早期投資人要增加勝率的方式，就是一次投資很多間公司，
增加投資成功的機率。因為在這個階段，公司實在太容易失敗，如果
增加太多 micro manage，成功機率未必也會顯著提升。

你可以把「早期投資」這個領域的投資策略想像成投注「輪盤」。
要提高勝率的方式，很簡單。就是每一格都下注買滿。這樣勝率就會
變得超級高！所以為什麼天使投資偏愛喜歡投風口專案？因為風口是
個明顯的上升趨勢。

天使投資人的投資策略就是直接在風口上狂投 100 間，只要其中一
間報酬 1000 倍。整體投資就有 10 倍回收。

A、B、C、D 輪，只是倍數大小的不同。如果你想承擔較小的風險，
就投越後階段的輪。當然，後面公司生存下來的機率越大，但是投資
報酬率也相對比較低。

不過很多創業者誤解「天使投資」的投資策略，以為天使投資是
「慈善事業」。 做出一個不屬於風口的產品，也沒有多少人想用，
抱怨沒有人欣賞這個產品，所以希望找到「天使」投資，繼續支援發
展這樣的產品。天使投資人 Gary Tang 形容過這樣的產品，他認為這
種產品說難聽一點不是產品，而是「藝術品」。

「藝術品」沒有不好，但藝術品是製作給自己欣賞的東西。做產品
是要給別人使用，如果你的東西沒有其他人用，問題便可能出自於你
把自己的作品當成是藝術品的心態。

天使投資的「天使」不是善心的「天使」。很多創業者誤會了這一
點。天使投資只是一種投資的策略。VC 的世界也是人吃人。

如果創業者能夠從投資者的邏輯角度重新審視自己的作品，會看到很不一樣的世界。YC 有一門課，叫做 YC 創業公司投資者學校，非常推薦大家去看。從投資者的邏輯倒推回去思考，你反而會知道要做什麼才會有人投資，更容易水平擴展。

以前在這個網路創業世界，因為基礎建設不太足夠，沒有那麼多人競爭。軟體工程師會寫程式碼，會做出產品，可能就是成功的一半。但問題是現在程式開發那麼普及，做網站或 App 成本也變得很低。整個資本市場也變的比較成熟。如果大家都在拿資本玩的時候，你沒有取得資本跟著用錢玩，那你的成功機率可能就會小一些。這就是為什麼我會勸朋友，創業儘量選擇風口題目。

我當年做 Logdown 時，就是陷入這樣的經典迷思。

最近也有人找我做天使投資。是一個還不錯的題目，但我稍微看了一下，我覺得這個題目，要做臺灣本地市場是可以，但是最好是做歐美市場。歐美市場大，也沒人做這個題目。但是對方要堅持在臺灣站穩後才去挑戰世界賽。

我內心就 Pass 這個 idea。現在世界發展速度這麼快，這個 idea，雖然有一點技術門檻，但也沒有十足的護城河，在臺灣可能一有 traction 就被國外其他人抄走，再來這個產品完全可以在歐美市場做水平擴展。

天使投資的題目，應該是説賭「不是零就是一千」，如果創業者目標只有三倍。這是天使投資，我沒有興趣花那麼大的風險，去賭投資報酬率只有三的題目；如果只有三，資本要出場，非常困難。我完全搞不懂這是什麼樣的融資策略，最後也沒有投這個項目。

我覺得創業者，如果創業想要募資，必須先搞清楚募資界的生態鏈，不然很容易表錯情，很容易一直碰壁或陷在奇怪的迴圈裡。

4-8

第七誤區：眼睛只盯著產品，沒看著市場

2013 年時我寫過一個 Logdown 服務，在 2013 年的時候很轟動。產品品質很高，但是付費用戶沒有想像中多，也無法擴展增長。為什麼呢？

Logdown 一個月收取 5 美金月租，很多開發者嫌貴。他們確實有寫技術部落格的需求，但是大家不願意付錢，寧用自己架 server。所以我寫出一個大家公認很好的服務，也解決大家寫作上的問題，但沒有人願意付費。

其次是，大家多久一次寫部落格？勤勞一點的人一個月更新四次。懶惰的人，兩三個月寫一次，所以它們當然會覺得 5 美金很貴。特別是程式設計這個群體，想寫軟體賺大眾的錢，卻最不甘願付軟體的費用給其他開發者。

所以這個產品不但不是剛性需求，使用頻率也低，目標族群數量甚至不大。這就是為什麼很多部落格 service，始終難以維持開發的原因。

我在開發這個產品時，已經小有名氣。所以我做什麼事情都有流量。但是，有流量並不代表這是風口，很可能只是一個假的信號。

一個好產品，但是沒有分銷能力，也沒有現金流。通常看起來，好像是只有程式設計會做出這種類型的產品。

程式設計常會認為做出一個好產品，就是一切！好產品，業績就會自動成長。

《Blitzscaling，閃電式擴張》這本書中，特別指出這個通病。這本書的觀點認為要創業成功，不只要做一個能夠 product market fit 的產品，更要考慮到這個產品怎麼樣做 distribution。要打的市場有多大？還要觀察持續運營的能力、毛利、頻次，這些指標要夠高。

我犯的這個錯，正是軟體工程師會犯的經典錯誤，眼睛只緊盯著產品。

在這一章裡面，我一直批判程式設計師。但我並不是在批判這個群體，而是批判過去的自己。過去我把這一切都想得太過於理所當然。過去在網上發表過很多創業的文章，與最佳實踐。有些人在讀這些文章時，覺得我寫的某些文章口氣比較狂，好像在嘲諷別人。

真的不是在酸，而是那些都是我踩過的坑，我寫的每一個經驗，我自己都踩過，所以才會寫上去，勸別人不要重蹈覆轍。

很多人覺得我創業以來，真是太幸運了。每一步都做對。我說不是這樣，舉個例子來說，假設一個遊戲，你玩過一百遍，是不是在某些關卡，你閉著眼睛都會打？大家都會死的地方，我已經不可能死了。

創業也是一樣，我只是在某些關卡玩過太多遍。例如，前一陣子我玩 Two Points Hospital，這個遊戲我玩了 30 遍。玩到最後醫院不管怎麼蓋都會賺錢。我不是醫院經營大神，我只是玩 30 遍。

所以那些文章，不是嘲笑或不屑，而是我以前曾死在這個關卡過。我只是好心說出來：「在這個關卡，用這樣的方式玩，死亡機率接近100%」。但很可惜，我收到程式設計師給我的回應都是「你懂什麼，你可能不懂怎麼寫 code 才會這樣說吧？」。我只好說：「算了，你想怎麼樣就怎麼樣吧！」

4-9

第八誤區：以為技術高牆是唯一標準，快速招募人員至上，價值觀不重要

要不要寫這個題目，我一直很掙扎，很怕寫這個題目會得罪很多人。

歐美的團隊很強調招募人必須看重價值觀，認為價值觀遠勝過一切，寧願速度慢也不要招募到價值觀不一致的人。

以前我還在網路公司時，技術團隊在招人，通常看中的是這個人的技術棧（過去學過的整套技術）。雇用工程師，會覺得有能力進來能夠幫忙寫程式就好。或者是看到強者想換工作，第一時間趕快攔截進來。

但是不管價值觀，有一個很嚴重的問題。完全不管價值觀前提下，招募進來的軟體工程師，在團隊磨合上會有很多問題。可能是協作時他一直罵隊友，然後你一直罵他。不然就是打緊密的攻城戰時，指揮官說往北方殺過去，但是他卻跑到南邊龜起來，還說是幫大隊防禦後方。

另外一種狀況，是團隊裡面有人的工作類型是狙擊手，但是他卻喜歡一個人拿狙擊槍跑到前線當衝鋒槍在玩，把怪引過來。

我以前在創業時，真的遇到一大堆這種人，頭痛的要死。後來我對這件事情非常火大，在中國創業時，我新的團隊成員，背景都是「全棧營」同學。全棧營同學，價值觀都一致。而且這次創業招募，我們刻意放慢腳步。

結果，這次的隊伍戰力輸出就極強，大家都知道怎麼樣補位，互相幫忙。甚至小組組長不在時，他的組員也能夠輸出同樣的品質。

後來回臺灣開分公司的時候，我又犯了一個錯誤。這個辦公室裡面絕大多數都是客服。但我認為找客服不需要那麼嚴謹，價值觀也沒關係。結果到最後，這樣的策略惹出非常多麻煩，客服團隊發生了一堆互相扯後腿的問題。

我才意識到：價值觀，完全不能妥協！

「價值觀」的意思是：你為什麼想要在這間公司，在這間公司裡面你做人處事的基本原則，你平時自己做人處事的原則。你平時遇到緊急的狀況，你會做什麼樣的決斷。

當一個團隊裡面，同事們彼此之間價值觀不相容的時候，就會產生衝突與矛盾。小則做事不能協調，大則整天內鬥，甚至為了傷害同事不惜搞爛公司。所以價值觀是完全不能妥協的事情。

再一次強調，價值觀，真的是最重要的事！人都會成長，也許同事現在做事情比較慢，可是價值觀與我們一樣，他們會成長。坦白說，像我的同事，當年全棧營的同學，現在做產品的功力都超級厲害，UI/UX 做的超級好，風險控管超級仔細，文案寫得比我好，每個人都比我強。

你很難想像這群人，兩年前沒有一個人會寫程式，更何況做產品！

我們中國辦公室基本上沒有內鬥。經歷過幾次很不一樣的團隊，我才發現價值觀一致，在開發產品時，速度才會夠快。難怪矽谷的 CS138B 創業課，有一堂課講公司文化，講者反覆強調價值觀完全無法妥協。

4-10

第九誤區：以為技術能解決「生意上的難題」

在後續章節。我會提到 User Story 與「敏捷開發」這個概念。

在傳統產品開發流程，許多團隊是使用瀑布式開發。瀑布式開發的意思就是先詳盡寫好規格，再進行開發。但是這樣的開發流程很耗費時間，也很容易做出與現實需求差異很遠的產品。

所以程式開發界對這件事情，進行了改革。宣導我們應該使用「敏捷開發」，捨棄完整的規格，並用輕便的用戶故事 User Story 替代，大幅提升開發效率。

但是使用 User Story 出現了另外一個問題，就是 User Story 通常是程式設計自己決定，程式設計師有時候就會自 high，寫了一大堆 User Story，卻不是銷售部門的需求，而是程式設計師覺得自己需要的，還很開心執行下去。結果到最後，原先銷售部門或者是客服部門需要的東西，被認為「不重要」，沒有實做。

另外使用者故事 User Story，是有評級的，叫 MoSCoW method。有 Must Have,Should Have, Could Have, Won't have。

要怎麼樣安排進開發流程決定優先順序呢？

另外一套敏捷框架 Scrum 這麼決定，用點數撲克牌，團隊成員用點數撲克牌大家比較工時權重分數計算決定。這不是很荒謬嗎？一個功能應不應該排入優先順序，應該是市場需求決定吧。怎麼會是程式

設計用撲克牌比較工時呢？

寫到這裡，我真的挺害怕得罪敏捷派教徒。但是這個方法真的不實際！

我以前還剛接觸到敏捷時，覺得 SCRUM 這個框架也很厲害，但覺得這個方式怪怪的。後來實際創業，才發現這種開發方法，跟溫室真空開發，實在沒兩樣。

再來，Growth Hack 的興起，讓一些程式設計認為在網站、App 裡面埋點，就能做成長。埋點用資料輔助行銷決策，的確是這套方法論的基礎。但不表示可以不聽使用者 feedback，沒辦法只用測量以及改 UI 介面就能讓營業額上升。最終取決有沒有打對市場，打對痛點。

可是工程師會非常執著，堅持不去直接面對終端人群，忽略客服部回傳的意見。堅持資料實驗救國。我個人覺得這是一個很不負責任的作法。

我們公司比較奇葩，我們貨幣交易所的每個程式設計都懂業務，也都懂炒虛擬貨幣，真的要這樣才能寫出最貼近市場上使用者心態的功能。製作功能應該按照 user 的 feedback。資料只是協助你找出轉換率忽然掉下來的原因。但是沒有 traction 不應該這樣解。traction 不應該是靠 data analysis 去找。

很多程式設計師會覺得 Growth Hack 治百病，他想藉由埋點學 Growth Hack 技術，順便幫公司解決業績上的問題。這真是異想天開，成長的重點不在於技術埋點，根本上應該放在 distribution 策略，這也是下一段我會談的主題。

4-II

第十誤區：以為產品好就是一切，忽略現在已經進入閃電戰的時代

這個誤區是我這次做產品的一個經典錯誤。BlitzScaling 提出了一點，Paul Graham 曾經寫過一篇經典的論文，叫 Do things don't scale，這讓很多人對創業做產品有錯誤印象。

Do things don't scale 的步驟是：

- **Step 1:** Do things that don't scale.
- **Step 2:** Achieve scale.
- **Step 3:** Do things that scale.

但 BlitzScaling 指出，現在的戰爭應該要這樣打：

- **Step 1:** Do things that don't scale.
- **Step 2:** Reach the next stage of blitzscaling.
- **Step 3:** Figure out how to do one set of things that scale, while somehow also finding a way to do a completely different　set of things that don't scale.
- **Step 4:** Reach the next stage of blitzscaling.
- **Step 5:** Repeat over and over until you reach complete market dominance.

因為 Do Things Don't scale 這個理論太經典。導致矽谷一大堆創業公司，把精力花在精進產品之上，認為把產品反覆修改到夠好，就能到達擴展階段。

在閱讀《Blitzscaling》時，我就意識到現在戰爭的速度與血腥速度，時代已經不同以往。

現在有資本的團隊，是一邊 Do things don't scale，一邊另外開一個團隊在水平擴展。想辦法搶佔管道。我在做 OTCBTC 的時候，本來佔著前期優勢，打下大半江山。但是我們的雇人速度實在不夠快，mobile 版本推出過慢。競爭對手「火幣」搶先開發出手機端並迅速迭代。本來我們靠著 Web 端的有機病毒式增長已經取得的市場，又再度被趕過超越。

矽谷最新的 Growth Hack，現在已經不談 AARRR，而在講如何搭建 Product 上的 Viral Loop，如何利用 Viral Loop 快速佔滿管道。

對我來說這點真是很大的教訓。

4-12

第十一誤區：我們一開始就能
打造一個一勞永逸的產品

　　程式設計師超級討厭一件事，就是先寫一套程式碼勉強上線，之後把它扔了，再寫一套新的服務取代掉它。然後再把這套新服務扔了，再重複寫一套程式碼取代。他們一開始就想把最終產品寫到位。但這是創業最常發生的狀況。你沒辦法一次寫到位。甚至 pre-architecture 還會害死自己。

　　我們在做 OTCBTC 的時候，其實內部一直在革自己的命，很多系統都是一再重寫 reinvent。我以前很羨慕別人的服務有強大完整的風險控制系統。以為別人都是找來大師開發出來的。

　　當自己在開風險控制系統時，才發現是血淚去堆出系統規則。一條一條暴力補上去。再一次性重構成一個架構穩固的系統。

　　我們也不是沒走過彎路，當我們剛開發 OTCBTC 時，上線開發花了 35 天，其中我們就花了 7 天反覆修改申訴系統，因為我們認為這是最可能出錯的問題。結果實際上線後，發現當初規劃的狀況跟真實發生的狀況，100% 完完全全不一樣。結果，原先那套程式碼必須直接作廢。

　　有工程師朋友問過我怎麼規劃 1.1 版本的產品？我回答如果產品有「1.1」版，還需要規劃，那這個產品基本上沒有量。因為能夠做的起來的產品版號是 1.0，2.0，4.0 這樣大躍進得跳。

每個禮拜開發的版本號不用規劃，真實客戶 feedback 會佔據接下來你開發的目標，活生生的 startup 真實狀況就是這樣。每天有做不完的事，滅不完的火。但這不是哪個 startup 管理不好，所以很多火。而是所有 startup 本身都是著火的公司。

創業團隊的心力重點，在於滅掉眼前會讓公司當場死亡的大火。如果一個成員抱怨他在的創業公司一天到晚都在失火，沒有制度。不是這間公司不好，而是他不應該待在這個生態裡面。他應該待在制度成熟穩定不需要變化的大公司裡，而不是出現在創業公司裡。所謂的火箭，指的是充滿需要撲滅的火，而不是冷氣溫度適宜的飛機頭等艙。

———

我過去學到的一切，都是錯的

我 2012 年創業，在創業之前，我花了四年的時間，把技術練得頂尖。後面又我花六年的時間，逐漸把我學過的 engineering 知識都忘掉。所以今天我才可以站在這裡。

我這六年來走過無數冤枉路，每一條冤枉路都付過大量學費。每一條都是我在當工程師的時候覺得理所當然的決策，最佳實踐。然而這些「理所當然」在創業的路上都是錯的。

不把這些忘掉，就沒辦法在新的路上成長。

這是為什麼這一章我會花了這麼大的篇幅，不談方法論，而先寫了一萬多字錯誤回顧的原因。

我希望這一章可以讓大家知道，不只方法論重要，忘掉過去自己的一切，更重要。

PART 5

高速執行，敏捷開發

這一章我們要談談，有了確定的方向後，如何高速執行。如何實現一開始所提到的，在風口上快速打造出正確的產品。

5-1

傳統網路公司的
瀑布式開發與其難題

　　我在剛轉職為程式設計時，對於一個網路產品如何建構出來，我完全一無所知。在當時一般比較大的網路公司都這樣做。

　　假設一個產品需要六個月，以下是最常出現的時程：

- 花了 3、4 個月訪談需求。
- 花 1 個月請美術設計視覺與介面，以及反覆修改。
- 最後，剩下不到兩周再請 RD 進場寫程式。

　　這種開發方式被稱為是「瀑布式開發」。手段是先搜集完備規格，然後再開工。

　　這樣的開發方式，固定每週會開產品會議。專案經理就會召集開發小組，與程式設計師在會議室開會，共同「BrainStorming」，研究專案經理整理出的需求，到底能不能做。工程師往往對參加這樣的會議會感到很痛苦。因為現場老是會出現這樣的衝突：

- 專案經理可能這功能覺得很容易，不太費勁。但是工程師覺得這明明很複雜，於是被激怒了。
- 專案經理覺得理所當然的功能，但工程師身為網路重度使用者，一看就知道不可行，雙方吵起來。
- 程式設計一直拒絕專案經理提出的功能，專案經理覺得程式設計不尊重業務專業與創意。

瀑布式開發型的專案，整個開發週期當中 80% 的時間。往往花在這些會議上，確保產出「完備的規格」。等到規格寫完之後，才會再把這些規格交給視覺設計師去設計介面。

設計師在設計介面又需要花上幾周，這段期間又需要反覆跟專案經理確認介面流程有沒有理解錯誤。到了開發週期尾聲，才輪到程式設計開始接手實做，這個時候距離上線日只剩下「兩周」的時間。

這就是為什麼多數的網路產品，剛上線時網站都破破爛爛的。因為瀑布式開發型專案所有的時間，都被花在策劃跟畫圖。沒有時間讓工程師「好好把功能寫完」。

工程師面對這樣的狀況往往很崩潰。因為程式設計們不是不想打造好產品，但是往往這麼龐大的產品架構，卻總是只留給程式師這麼少的實做時間。

截止期限老早被設定好，不要說根本沒有時間「寫好」，光是「寫完」都是奢望。就算刪掉一些沒必要在第一版的功能與特效，也還是寫不完。更何況在跳著寫的情況下，甚至「核心功能」也會不小心「被跳掉」。所以大家很常在網路上看到剛上線的服務，一進去就踩到一堆 BUG。不僅團隊自己不滿意，使用者也每天都在抱怨。

這種事當然不是大家樂見的。改善方式，當然是立刻抓緊時間每日加班改善。但是，當把 bug 修得差不多之後，最初來嘗鮮的使用者也已經離開的差不多了。此時團隊開會檢討原因，檢討歸咎：第一版缺乏許多市面上的核心功能是最大的問題。

這種開發方式，其實很像是在豪賭。也是一種 ALL IN 的方式，中間沒辦法轉向。只能將賭注壓在一開始的決定上。

5-2

現今的互聯網公司：敏捷式開發

　　大型網路公司財大氣粗，有足夠本錢可以玩這種拼命開發的遊戲。但是創業公司沒辦法，團隊人就那麼多。是不是有什麼改進的方式呢？

　　我在參與了用瀑布式開發的兩個產品後，開始隱隱約約覺得這件事不太對勁，難道流程沒辦法變通嗎？一個專案真的必須先收集完所有規格才能寫嗎？不能一邊規劃一邊開發嗎？

　　於是，我找到一個新型態的協作方式：敏捷 Agile。有別於過去瀑布式開發的作法，敏捷強調適應真實需求的快速變化。

―――――

什麼是敏捷式開發？

　　2001 年 2 月，Martin Fowler、Jim Highsmith 等 17 位著名的軟體發展專家齊聚美國猶他州雪鳥滑雪聖地，舉行了一次敏捷方法發起者和實踐者的聚會。在這次會議，他們正式提出了 Agile（敏捷開發）這個概念，並共同簽署了《敏捷宣言》。

―――――

敏捷宣言

《敏捷宣言》的開場如下。

借著親自實踐，並協助他人進行軟體開發， 我們正致力於發掘更優良的軟體開發方法。 透過這樣的努力，我們已建立以下價值觀：

- 個人與互動：重於流程與工具。
- 可用的軟體：重於詳盡的文件。
- 與客戶合作：重於合約協商。
- 回應變化：重於遵循計畫。
- 也就是說，雖然右側內容有其價值， 但我們更重視左側內容。

敏捷宣言背後的原則

《敏捷宣言》提到，他們遵守下列這些原則

- 我們最優先的任務，是透過及早並持續地交付有價值的軟體，來滿足客戶需求。
- 竭誠歡迎改變需求，甚至已經處於開發後期亦然。 敏捷流程掌控變更，以維護客戶的競爭優勢。
- 經常交付可用的軟體，頻率可以從數周到數個月，以較短時間間隔為佳。
- 業務人員與開發者必須在專案全程中天天一起工作。
- 以積極的個人來建構專案，給予他們所需的環境與支援，並信任他們可以完成工作。
- 面對面的溝通，是傳遞資訊給開發團隊及團隊成員之間效率最高且效果最佳的方法。
- 可用的軟體是最主要的進度測量方法。

- 敏捷程式提倡可持續的開發。
- 贊助者、開發者及使用者，應當能不斷地維持穩定的步調。
- 持續追求優越的技術與優良的設計，以強化敏捷性。
- 精簡——或最大化未完成工作量之技藝——是不可或缺的。
- 最佳的架構，需求與設計皆來自於能自我組織的團隊。
- 團隊定期自省如何更有效率，並據此適當地調整與修正自己的行為。

———

敏捷帶來的作法以及其他帶來的好處

敏捷式開發的專案有幾個特點：

- 將軟體切分為不同版本，逐步開發。而非一次性討論與開發最終版本。
- 捨棄厚重的規格，每個開發迴圈版本裡，只實做當前版本能夠對客戶有價值的功能。
- 保持計畫的靈活性，若發現原始方向不對，立刻擁抱變化。
- 每日溝通與測試修正，讓非開發人員也高度參與開發過程，確保交付出正確的軟體。
- 利用流程與程式碼，記載軟體需求，而非撰寫厚厚文檔。

聽起來很模糊，我在這裡白話翻譯一下：敏捷開發不寫規格，作法是圍繞著專案的核心價值開發功能。每週檢討實作結果，並且調整方向。採用版本釋出的方式，逐漸完善整個產品。特別適合小團隊採用。

當然，一般人聽到「不寫規格」這件事。會覺得很恐怖。不寫規格，我們要怎麼樣協作呢？這樣不是會出溝通上的差錯嗎？

其實，敏捷開發並非不寫規格。只是規劃專案的角度與實做方式跟傳統很不一樣。敏捷開發中，是用另外一種方式：「User Story」（使用者故事），去溝通協作一個專案裡面應該被執行實作的細項。

5-3

User Story：
回歸產品真正的本質

什麼是 User Story ？

瀑布式開發的典型流程，是專案經理花上很多的時間進行訪談寫成
規格，程式設計師再根據規格「轉換」成功能。不過在這段過程當中，
卻容易出現相當大的溝通落差與實作風險。

這當中的差距在於所謂「規格」，往往強調於「畫面的細節」或者
是「功能的實現」。有時候疊著疊著，雙方都忘記原本「為什麼」這
個功能要出現。或者有可能功能寫出來，卻沒有讓使用者完成任何有
價值的工作。或者是功能根本就寫錯方向。

> **軟體開發的目的應該是讓「使用者能夠在系統上
> 完成有價值的事」。
> 既然如此，我們應該回歸本質。**

User Story，就是一種新的敘述方式，強調透過簡單的語境，具體
描述軟體在「使用者」的手上，怎麼樣被「操作」。透過一個一個使
用場景，整理出會在這個系統裡面出現的「角色」以及「會完成的工
作與價值」。

舉例來說，User Story 的範本如下：

作為一個（某個角色）使用者，我可以做（某個功能）事情，如此可以有（某個商業價值）的好處。

這裡是一些 User Stories 的範例：

- **使用者可以在網站上張貼履歷，以達到履歷曝光的效果。**
- **使用者可以搜尋有哪些工作，以提升檢索效率。**
- **公司可以張貼新工作，以曝光職缺。**
- **使用者可以限制誰可以看到他的履歷，以避免被前東家發現要跳槽。**

有一些剛開始使用「用戶故事」的朋友，可能會懷疑這樣規劃「太過簡陋」。其實不然，一個網站的真實價值與「主要功能」，大概用 10-20 條用戶故事就可以敘述完畢。

我認為敏捷開發與瀑布開發，兩者最大的不同，是敏捷式開發體悟到世界上的專案是活的，而且會不斷演化。產品開發的重點在於必須產出真正有價值、有意義的結果。

————

以角色為軸心，找出被掩蓋的複雜度

User Story「用戶故事」撰寫，是以角色作為劃分：身為「什麼角色」，我要「做什麼事情」。

在瀑布式開發流程中，很多時候程式會寫不完是因為規劃「裡面有隱藏的角色」。

比如説下面這些例子。

例子 1：部落格平臺的後臺管理介面

假設我們這個專案，是一個部落格平臺。規格中有個需求是部落格應該「要有後臺管理介面」。

讓我們拆解一下這個需求。

這個「後臺管理介面」，背後就隱藏「一個後臺管理員的角色」，加入這個角色，需要做的開發量幾乎就是 2 倍！因為後臺管理員要能夠在後臺管理編輯所有文章，等於要重寫類似文章發表、編輯的功能，只是在另外一個「管理後臺」。

例子 2：電商平臺的對帳平臺

假設我們這個專案，是一個網路電商平臺。規格內有個需求是電商平臺應該要有「對帳後臺」。

讓我們拆解一下這個需求。

「對帳後臺」，背後就隱藏著「一個會計角色」，而加入這個角色所需要的額外開發量幾乎是難以估計。因為對帳需求真是千奇百怪。

為什麼多數的瀑布式開發專案做不完？很大的原因是因為都是做到最後，才臨時在某個畫面或者軟體工程細節裡面，發現竟然隱藏大量的技術細節需要實現，導致工作量暴增。

透過先寫 User Story 的方式，我們可以提早把這個項目裡面「有多少角色」、「有多少要完成的事」，先在紙上迭代，估算出來。甚至可以暫時把「不重要角色」要做的事先忽略。

可以光用幾張 A4 紙，就能將第一版工作量的粗估出來。後續再依專案時程人力，工作量與優先權，刪減迭代。

- 哪些功能在最初幾個禮拜就要先實做，否則會阻擋後面開發？
- 有哪些功能可以上線前再添加，甚至是上線後再做也不遲？
- 哪些功能完全沒必要存在？

這些功能將在一個一個迭代迴圈之中，被實做或被捨棄。

我開始改用 User Story 這個方式規劃軟體專案後。專案項目的平均工時，幾乎減少 三分之二，從六個月降低到兩個月。

User Story 的核心規劃有幾個重點：

- **在紙上預先迭代工作量。**
- **每個版本都是「相對性的完整版」。**
- **實際的細節份量，可以針對版本的不同以及人力的分配去遞增。**

———

如何撰寫 User Story ？

以下我以 OTCBTC 為例子，示範怎麼拆 User Story。

第一版

第一版的 User Story 可以不用很複雜：

- 使用者可以在網站上張貼廣告賣幣
- 使用者可以在網站上張貼廣告買幣
- 使用者可以在網站上看到廣告下單買幣
- 使用者可以在網站上看到廣告下單賣幣

第二版

　　我們發現其實有兩個流程重複，為了避免前期開發太過複雜，因此決定先做發廣告賣幣，下單買幣。

- **身為一個商家，我要能夠在後臺上架賣幣廣告，並且設定上架販賣。**
- **身為一個消費者，我要能夠在前臺看到廣告，並且下單購買。**

　　這時候明確引入角色。

第三版

　　把隱藏的前期細節加入：

- **身為一個商家，我要能夠在後臺上架賣幣廣告，並且設定上架販賣。**
- **使用者必須要儲值數位幣進來，有足夠的餘額，才能夠上架廣告。**
- **身為一個消費者，我要能夠在前臺看到廣告，並且下單購買。**
- **使用者必須經過身分認證，才能使用下單購買功能。**

第四版

　　將隱藏的功能梳理出來，變成主要大功能：

- **身為一個商家，我要能夠在後臺上架賣幣廣告，並且設定上架販賣。**
- **身為一個消費者，我要能夠在前臺看到廣告，並且下單購買。**
- **身為一個使用者，必須在網站上擁有數位貨幣錢包，進行儲值、提幣。**
- **身為一個使用者，必須經過身份驗證功能，才能使用完整功能。**

- 身為一個使用者，為了確保資產安全，必須綁定聯絡方式。

這個時候，把主要的 Must Have 找出來。

第五版

展開主要大功能，繼續展開 Must Have 裡面的細部：

- **身為一個商家，我要能夠在後臺上架賣幣廣告，並且設定上架販賣。**
  - ✓ 身為一個賣家，可以在管理後臺上架廣告。
  - ✓ 身為一個賣家，可以在發佈廣告時調整價格。
  - ✓ 身為一個賣家，廣告錨定的應該是全球 BTC 行情均價。
  - ✓ 身為一個賣家，可以在買幣者下單後，與賣家溝通進行交易。
  - ✓ 身為一個賣家，可以在買幣者付完錢匯款後，提供數位貨幣給對方。
  - ✓ 身為一個賣家，可以在買幣者下單後，收到通知後，立即處理訂單。

- **身為一個消費者，我要能夠在前臺看到廣告，並且下單購買。**
  - ✓ 身為一個消費者，可以在前臺看到下單廣告列表。
  - ✓ 身為一個消費者，可以在前臺看到廣告內容詳情。
  - ✓ 身為一個消費者，可以在下單後，與賣家溝通，進行交易。
  - ✓ 身為一個消費者，下單之後，賣家數位貨幣必須進行鎖定，確保交易安全。

- **身為一個使用者，必須在網站上擁有數位貨幣錢包，進行儲值、提幣。**
  - ✓ 身為一個使用者，可以申請一個錢包 (BTC/ETH)。
  - ✓ 身為一個使用者，申請錢包後，可以拿到一個數位錢包位址。

‧**身為一個使用者，可以儲值到錢包位址（6 個確認後到帳）。**

✓ 身為一個使用者，可以發起提幣。

- **身為一個使用者，必須經過身份驗證功能，才能使用完整功能。**

  ✓ 身為一個使用者，必須通過 Email 驗證。

  ✓ 身為一個使用者，必須通過實名驗證（身份證）。

  ✓ 身為一個使用者，必須通過進階驗證（銀行提款卡、信用卡）。

- **身為一個使用者，為了確保資產安全，必須綁定聯絡方式。**

  ✓ 身為一個使用者，必須通過 Email 驗證。

  ✓ 身為一個使用者，必須綁定兩步驟驗證。

透過這樣的方法，我們逐步找出這個產品最關鍵的功能與流程。

5-4

用重構式開發，打閃電式戰爭

一般來說，User Story 寫到第五版。大致上的骨架就會出來。

- 大骨架在完稿時大概會是 20 條上下的主要框架。
- 中骨架是在大骨架下繼續展開的 Must Have 功能，展開後大概會有 100 條。
- 這 100 條裡面有更小的細節，最後擴展最終會達到大致 1000 條左右的規模

我們會在大骨架完稿後，先做一版流程圖，確定業務邏輯方向不會被這些細節分散。

開發方向：確定主幹後，閉環重構

主動線確立後。團隊的主程式在開發時，並不會優先實做各個畫面的細節。而是直接把每一個大的 User Story 的畫面骨幹，先開發出來，串成一個完整的 Workflow。團隊再以「重構」的方式，去補完每個畫面的細節。

重構式開發的好處

重構式開發的好處在於在第一周動工時，就有一個非常粗糙的 1.0 版本。能讓整個團隊成員知道目前系統有多少條確定的「閉環功能主線」，骨架非常明確，有了明確的工作方向以及工作量預估。接著整個團隊就能夠以「重構每個功能畫面」為目標去前進。

- 程式設計師可以專注完善該功能的細節。
- 美術設計可以專注設計該功能的畫面。

達到平行開發的目的，兩者可以各自完工後再整合，加速整個開發流程的速度。

=====

如何在 35 天迭代出 OTCBTC

當時決定做 OTCBTC 時，就已經決定要打閃電式戰爭。

目標是得在 11/01 前上線 OTCBTC。我們是在 9/22 確立專案，也就是剩下不到 40 天的時間。

儘管時間少，我們還是很樂觀。畢竟此前我們做 ico 平臺時，就有了區塊鏈錢包系統的累積，所以覺得這個專案開發難度並沒有想像中的大。但第一周開始寫主架構時，我們才發現糟了。為什麼呢？因為 OTCBTC 本質上是在做區塊鏈版的淘寶（市集）加上阿里旺旺（買賣家即時溝通工具）。

如果要完整上線，必須要做的功能有：

- 賣家可以在上面發廣告，買家可以在上面下單購買。

- **買家可以在上面發廣告，賣家可以在上面下單收購。**
- **必須支持 BTC、ETH 雙幣種。**
- **必須支持簡體與繁體兩種語系。**

我們當場就傻眼了。

我們原本以為只要蓋一個平臺，讓賣家刊登賣幣的廣告，讓人家來買幣就行了。但是經過使用者訪談後，他們不這麼認為，強調完整版一定要有雙向廣告。要知道，如此一來，系統裡面就有兩種角色：

- **發廣告的賣方。**
- **發廣告的買方。**

而系統每多一個角色，工作量就多一倍。多加一個幣種也是多一倍工作量，這當中的架構線圖，甚至在第一版複雜到搭不出來。同事都崩潰的不知道如何動工。

最後怎麼解決的？「騙」字訣！我哄著大家：「這樣吧！我們第一版求上線就行。有事我擔。」

第一版，只做：

- **只做賣家廣告。**
- **只支持 BTC。**
- **只支持簡體版。**

大家聽了覺得這個進度應該勉強可以做完，而且架構圖也蓋得出來。同樣也是用重構式開發，就衝刺看看。結果，兩周就把這個架構寫得差不多了。於是我厚臉皮問說：既然賣家廣告線已經做完了。那我們反過來加買家廣告要花多久時間？」同事說三天。於是我們再花三天把這個功能疊上去。

寫完後測試一兩天，確認主流程都差不多。我又一次厚著臉皮問：「既然 BTC 都做完了，那支援 ETH 要花多久時間？」，得到的答案是，大概只要加一個下拉選單，以及修正部分顯示的功夫，兩天差不多。於是這時候確定上線時會有雙幣種。（當時業界只有 BTC 場外工具）。

完成雙幣種後，時間還剩下兩周多。我再度厚臉皮問：「那我們可以支援繁體版嗎？」，雖然我又收到團隊很大的白眼。可是我們發現做繁體版，在那個時候已經沒有想像中那麼難。因為當時我們系統裡面絕大多數流程與顯示字串，幾乎已經完全固定。繁體與簡體的轉換也不難。更何況，也不是每一頁、每一個字都需要在上線前完成繁體翻譯。

於是，我們就用這種「詭異的迭代法」，在短短二十幾天內把第一版 OTCBTC「逼」出來了。

======

高速開發的訣竅

這種開發速度，在業界看起來是不可能的任務。但這不是我們團隊第一次挑戰這類型的難題。我們前一個項目 ico.info，開發的時間略長一些，大概 45 天。第一次做區塊鏈服務，花了比較久的時間。用的也是類似的方法。

這當中的秘訣就在於：

- **控制難度，控制角色複雜度。**
- **在非常早期，就找出真正有價值的功能，其餘儘量捨棄或變通。**
- **點出地圖上的終點，讓團隊第一時間都知道最終要蓋出什麼。**

- **平行開發，沒有誰擋誰的進度。**

我們在開發時用的方法，都不是特別複雜的方法，只是特別耐煩地一再、一再迭代重構。

寫到這裡，各位讀者如果深入細讀，會注意到本章中略過一些細節。這麼複雜的系統，不可能寫完 15 條用戶故事後就自由開打吧？如果真是這樣，開發現場會亂得無法形容。

是的。我們在開發過程當中，還用了其他工具加速團隊協作。第一版的 OTCBTC，完成的小故事、功能，總共高達 600 條。在後面的章節，我會繼續分享，我們是藉助什麼工具和流程，展開以及收斂使用者故事，達到快速上線的效果。

PART 6

確保時限內完成：
逆向法

在介紹工具進行高速迭代前，這一章我要先談談，
如何在時限之內，準時上線專案的技巧。

一個專案項目高達 600 個細節、功能，其實也不
是一件輕鬆的事情。我們不僅準時完成，細節還
經過反覆修正、改良。背後也有秘訣。我們內部
做專案，其實也有一套與一般團隊不同方式的開
發順序。

這套方法，我們稱之為「逆向法」。

6-1

以獲勝的標準去作好準備

2012 年，我曾經和朋友雙人組隊，在 Facebook 舉辦的 Hackathon 獲勝拿下大獎。大概在六年前，我還沒開始創業前，當時我個人搭建專案的速度已經很厲害。

其實連這次參賽，也是有備而來，只是我沒想過會拿第一名。很多人以為 Hackathon 獲勝需要完全憑藉運氣與技術，但 Hackathon 其實也是可以「準備的」。

─────

我如何贏得 Facebook 的 Hackathon 大賽

我當時參賽的作品是一個書籤收集服務（其實挺無趣）。當初打算解決的痛點是：

- **當時每個人在 Facebook 上每天都會按讚很多頁面。**
- **但是按讚過，過幾天就不知道在哪裡了。**
- **用戶無法儲存、收藏覺得有價值的連結。**

我想開發一個網站，讓一般使用者透過這個服務，可以自動收集整理曾經在 Facebook 按讚過的書籤，並且能搜索。聽起來真的挺無聊的，Facebook 怎麼可能沒有這個功能？但是在 2012 年我參加這個比

賽的時候，Facebook 真的還沒有這個功能。這個功能，Facebook 一直到 2014 年才上線。

當時朋友也覺得我這個點子，聽起來就是去送死。做這個產品有意義嗎？但是，挑選這個點子作為參賽專案，我是有目的性的。在比賽前，我總結以前打過幾場 Hackathon 的經驗，檢討前幾次我落敗的幾個主要原因：

* **太貪心：想在比賽裡面做出盡量多的 Feature，結果作不完。**
* **沒有人懂價值：功能作不完，簡報沒時間做，上臺亂講導致上臺時沒有人懂這個產品的價值。**
* **不能用：寫不完結果沒有時間測試，裁判一按下去，產品就是爛到不能用。**
* **自 HIGH：自己做了一個覺得很炫，技術水準很高的產品，但是完全不合主辦單位舉辦這個比賽的期望。**

在我以前單純的想法，我認為打 Hackathon 要贏：只需要程式厲害，IDEA 厲害，這樣子就能確保最後勝利。但是往往事與願違。

一般來說，在駭客松結束過後，大家批評得最凶的問題往往是「怎麼都是那些『PPT 組』贏下大獎？」

從這件事，我卻發現了一個隱藏的真理。雖然很不公平，但是在實際狀況中，一般評審根本沒空可以查核程式碼品質，評審只關心最終成品解決了什麼問題，試用的時候是否如同參賽者宣稱的成果一致。至於作弊與否，都是賽後的事了。

這就是為什麼 PPT 組容易贏的原因。評審多半只評審最後結果，沒有興趣去評核後面的技術工藝。即便我知道這個「密技」，但身為有一個有自尊的程式設計師，在 Hackathon 中「作弊」，改用 PPT 去競賽，對我來說是絕對不可能的念頭。

但無論如何，我覺得過去的打法，的確有不少改進空間。我歸納出幾條很簡單的戰略：

- 功能要單純，最好只有一個主要功能，這樣才做得完。
- 要做對主辦單位有意義的專案。
- 扣除開發時間外，要留足夠多的時間寫投影片與 DEBUG。

這麼做也許有可能贏。所以我才挑了這個題目：無聊，但對主辦方有價值的題目。沒想到竟然一舉贏得最大獎項。

———

打駭客松與創業非常相似

我認為打 Hackathon 其實跟創業這件事其實非常相似。

Hackathon：

- 需要厲害投影片。
- 正確的產品，適合主辦方開新聞發表會。
- 在最短時間，開發最小可行性產品。

好的創業產品：

- 需要厲害投影片。
- 被市場認可並獲利。
- 在正確的時間點啟動上線。

所以，我們可以把打贏一場 Hackathon，比喻為挑戰在 10 小時之內創業。

6-2

什麼是獲勝策略？
以 Hackathon 為例

在那次 Hackathon 比賽當中，我們用了以下這樣的獲勝策略。

═══

盤點資源

當時比賽早上 9 點開始，下午 6 點必須上臺 pitch。時間總長總共有九個小時。因為時間只有這麼短，但卻要有完美的效果。我計算出來，我必須至少留兩個小時寫投影片並且彩排。

開發時間，九個小時扣掉兩個小時就是七個小時。七個小時裡又扣掉吃飯的時間，還有上廁所的時間，大概一個半小時到兩個小時。所以真正可以用來開發的時間只有五個小時。

五個小時內，可以開發多少功能呢？

給大家五秒鐘的時間想想看，五個小時我能寫出多少功能？ 1、2、3、4、5……

答案是：一個功能。

═══

莫非定律

為什麼最後決定只寫一個功能？

各位應該有過類似經驗，當你時間不夠的時候，特別容易出錯。

比如説，平常開發一個功能，估計實際測試時，可能會出現五個 Bug。所以要留開發一個功能與除去 5 個 bug 的時間。但是時間特別緊急的時候，可能就不是這樣，甚至很有可能會發現一口氣出現了 15 個 bug。修改過程還會出現別的、沒想到的 bug。特別緊張的時刻特別容易出錯。

因為害怕莫非定律干擾。我算了一下，如果開發時間只有五個小時，依照我的功力原本應該可以寫出五個功能。但是，一定會出現莫非定律，所以最保險的策略是只做一個主要的功能。

這是我們第一個策略。我們作品的核心功能非常簡單，就是一個網站收藏工具，去抓取並分析 Facebook 上面的動態，儲存回資料庫，讓使用者之後可以查找。也沒有什麼特別高級的功能。

═════

風險控管

早上 9 點一到會場，我只花了簡短的時間跟我的隊友進行簡短的溝通早上的戰略。雖然他覺得這點子好像太單薄，但他比較資淺，所以還是以我的意見為主。

這也是我在以前打 Hackathon 學到的另一個寶貴經驗：在比賽時千萬不要找太多隊友，隊友太多意見也會太多。最後光討論與辯論，時間就用光了。

我記得之前有一次打比賽時，遇到有一個大神組。別人一組頂多3、4個人。那組有 11 人。隊友每一個都是各領域裡面赫赫有名的資深程式開發者或大神。但是他們那一組，到最後都花在吵架，產品最後也不怎麼樣。

因此這次打比賽，我決定只找一個隊友。組成簡單，我們只需花很簡短的時間，就決定主要進攻方向是什麼。先花費半小時，決定要做哪一些工作。再花一個小時，把雛形框架傳到機器上。

====

預先解決主要風險

上傳網站到機器，通常是產品做好後的最後一步。但是，我以前的經驗是等到把作品做好之後，傳送到這個遠端的機器裡面時。因為本地的環境跟遠端的環境還是很不一樣。所以得要花很多時間調整測試，在最後階段，時間肯定也不夠。那時候一定會出非常的多的包，會導致後續投影片也無法完成。

所以，我們先解決這個可能預見的最大風險。

接下來我們的第二步，再花了一個小時，把主要功能趕快做好，做了一個能夠動的第一版 App。9 點比賽開始，在中午 12 點左右，我們就有一個可以動可以展示的第一版了，主幹功能已經全部做完。

而且在 12 點前開發完第一版，有一個很大的戰略意義。

很多人不明白為什麼要在 12 點之前要做完？明明下午 6 點才是截止時間。在中午 12 點做完有個好處，就是當中午吃飯時間，其他人還在討論項目細節的時候。我就在拿著我的筆電炫耀我已經做完的進

度。雖然只是第一版 App，其他人不知道中間其實省略很多細節。心底只會覺得：「哇！ Xdite 實在太厲害了。我們可能已經贏不了。」

我要的就是這種效果。所以才拼死在 12 點前把主要的功能趕快寫完。

反覆修正測試，降低出錯機率

在第三階段，我開始把主幹功能上面可以微調、小部分的功能，慢慢補完。接著拿這個作品到 Facebook 上面，請我朋友實測網站有沒有什麼使用上的問題。

為什麼要做這件事情？之前我在參加其他 Hackathon 比賽的時候，最大的扼腕是，根本沒有時間好好測試，就是自己覺得簡單 debug 完就覺得 OK。結果評審實測的時候爛掉。這件事情實在太糗，絕對不能再發生。

所以我這次比賽的策略是一做完就丟給外面的真實用戶去測，盡力在上線前，把有可能出包的問題，都先找出來修復。果然這些測試用戶，馬上就幫忙測試到很多我不可能發現的小細節。

當時印象中，他們測到有一個非常有用的體驗細節。

因為這個專案是分析每個人在 Facebook 上面的動態，找過自己按讚過的網站。所以需要一定的匯入時間與分析時間。在三個人同時在線的時候，這個網站的匯入速度還是正常的狀況。但同時有 50 個人去測試時，機器就沒辦法消化這麼大的量了。就使用者體驗來說：按下匯入按鈕，但是卻沒有馬上看到結果或者是進度。正常人會以為是功能爛掉了。

我才發現，我的排程演算法規劃錯誤。實際上有匯入，只是使用者可能沒辦法馬上看到。我設計的過場等待畫面，也沒辦法有效拖住使用者。發現這件事情後，我立刻進行細節修正。要是沒有做這輪測試的話，估計上線評審一按，馬上就會「爛掉」。

所以我真的很慶幸，當時做了一輪完整的使用者測試。大概在下午三、四點的時候，我就把所有的 bug 全部都修正完畢。

=====

展示產品的價值

在測試這些網站功能的時候，突然間有一個朋友就問：「xdite 你們這個產品到底是在做什麼的？」

我說這產品功能不是很明顯嗎？當你每次在網路上按讚過很多 Facebook 連結，過幾天後要回去找時，就忘記在哪裡。FB 沒有整理收藏功能，所以我們就做一個外部收藏整理服務。我們就是做這個題目，你看不出來嗎？

他說鬼才有辦法一眼就看出來。你們的首頁呢？

一般的產品首頁都會標明自己提供什麼服務，他建議我們得做一個首頁。

所以我就趕緊做了一個 Landing Page，當時我都還不知道這叫 Landing Page，只知道必須做一個一眼就能說明自己用途的首頁。

到這個階段，最後還剩下一些時間。我邊寫投影片邊調整。在寫投影片的過程中，需要調整一些截圖與過場，我就順便同時調整了網站上一些細節。

在上臺之前，我已經台下排練了至少五遍以上 PPT 簡報。

正常來說，工程師在上臺 Pitch 自己作品前都會相當緊張，一緊張就結結巴巴講不好，更何況還要 Demo，Demo 出錯後就更加完蛋。

因為反覆排練了很多遍，在五、六點上臺 Demo 時，我的表現簡直就是完美（當時自我感覺）。

———

無聊的作品無聊的過程才能贏

所以最後結果是這樣的：

- **我們的投影片非常厲害。**
- **我本人 Demo 時非常厲害。**
- **我們做出一個有意義的產品。** 要知道這個駭客松是 Facebook 主辦，我們做了其實 Facebook 想要做的一個功能，但又不知道要不要花 RD 資源去做，也不知道有沒有市場，所以我們做了一個有意義的產品
- **我們的產品沒有 bug，** 在 Demo 前給很多人測過，所以沒有 bug。
- **100% production ready，** 也就是說就算要明天上線，跟用戶收錢或是直接使用，完全沒有什麼問題，完成度極高。

這就是為什麼我們當場贏得臺北站。後續也拿到世界第一名（Facebook 分 3 大洲 23 個城市比賽）。因為我們的產品完整度與意義實在是太高了。

———

其他人的參賽策略

這裡我要跟各位分享其他人是如何搞砸他們的駭客松。其實也不能說是搞砸，沒有人願意搞砸自己的項目。

但是一般人去打駭客松的時候，會是怎麼樣的策略？

首先一般團隊會這樣做：到會場第一個先找夥伴，看會場有哪些厲害的夥伴，接著就詢問你要不要來我們這一組？

即使他們組成了一個非常厲害的團隊，下一步要做一個厲害的產品。假設這組有五個人，每個人提了 5 個 feature，光功能討論會議，就可以花費很長時間。可能最後得耗去一個多小時，才能決定最後要做的十個功能。但十個功能，可能做不完，所以最後砍到剩 6 個功能。他們就分頭去做六個功能。接下來 5 個小時，開始埋頭瘋狂地實做這些功能。

但是快到截止時間要上臺發表了。才驚覺：啊！怎麼做不完。只好草草完成兩個確定可以完成的功能，急急忙忙收尾。趕快指定一個其中比較閒的人做投影片，另外一個人彩排練習。可是因為沒時間測試產品，所以這一隊上去第一個就先道歉：「抱歉我們這個產品沒有做完，請大家不要見怪。」

另外一件比較常出現的狀況是，Demo 後，評審以及其他隊伍聽起來覺得這項目可能有點意思，想去試用，結果一開，爛得無法用。它自然就被打零分或是很低分。

幾乎 99% 以上的人打駭客松都是這樣輸掉，包括我以前也是這樣子失敗。

━━━━

結果導向去做進度安排

我這次的表現跟他們的差別在哪裡？

一開場我就已經定調節奏，堅持在中午 12 點前把一切東西都做完，並且預留一段完整的時間專注彩排。

我的策略是先保留兩小時彩排時間，兩小時修 bug 時間。而且在實做功能上也極度節制。但是其他人的策略是「沒有計畫」，直接埋頭苦幹去做。因此，就算大家同樣都有 9 個小時的時間，最後的結果卻有極大的差異：

我把功能完整上線。

其他隊伍只做出了一個什麼都不是的東西。

6-3

絕大多數專案都適用：逆向法

其實，這樣打 Hackathon 的策略，不是 2012 年才想到。早在參加 Hackathon 前，我平常做專案也是採取類似的結構安排。反而在打 Hackathon 時，因為沒有計畫，之前老是莫名其妙輸掉，其實也不冤枉。最後我痛下決心，檢討 Hackathon 戰略。把平時我做大型專案的戰略技巧搬過來，才大獲勝利。

這樣的技巧，可以用在大的、中的、小的專案項目。

=====

1. 先保留最後「測試」時段

假設今天我們要做的這個項目，工期時間有三個月。要如何管理這個專案的時間？

我的作法是，不管這個專案要開發什麼軟體。一定會先保留最後一個月的時間，最後一個月的時間不能被挪用。也就是說，老闆給我三個月時間做這個專案，我會告訴自己，只有兩個月時間能投入開發。

最後一段空白，誰都不能動用，這段時間需要保留給測試。

=====

2. 有節奏的衝刺「完整版」

接下來我會把剩下來那兩個月的時間，再切成三段。

基本上是一些地面作業：

- 專案部署。
- **前面章節講過的「重構法」裡面的主幹路線。**

第一階段，先讓所有人可以一開始很快的出發，不置於在中間或最後被絆倒。

第二、第三階段實做主幹，反覆修正細節：

把整個項目的 must have 主幹拉出來。先把整個架構打起來。再利用「重構法」補充細節。這樣做的好處是在第二階段，很快就能知道哪些路是「不通的」、「沒時間製作的」、「太過複雜的」。這些主幹就可以先「被消失」。

因為主幹功能都已經出來。每個功能的精緻程度取決於「重構次數」。無論哪個版本，都可以被稱之為完整版。

———

3. 打磨細節，消除瑕疵

到了最後一個階段。因為有「足夠充裕」的時間。就可以有時間測試，反覆修正細節。我在 Hackathon 裡面也是這樣子做。先是把下午兩個小時的時間，完整保留，以中午 12 點為中間界限。集中火力在早上把大的功能跟最危險的部分完工。下午專注在補足功能細節以及修正用戶測試後的回饋。接著很順利完成 Demo pitch，完成並且上線。

任何專案都得先定義「成功」再開始起跑

很多人在參與大工程時，很容易一下子就失去了方向準則，以為只要猛力做，最後就會達到所謂的成功。

但是我做專案的做事方法並不是這樣。我在啟動任何專案前，我都先找出「成功的定義是什麼」？

比如說創業第一個「成功」目標是什麼？

答案可能是「順利完成第一版，成交第一筆訂單，收到第一筆入帳」是所謂的成功。如果花了時間，做了一個產品卻沒有收到錢，這件事情叫做失敗。

那麼打 Hackathon 中，成功的定義是什麼？

我發現「成功」的定義並不是程式寫得多厲害，而是必須讓評審認知到這個產品的價值，也就是唯有準備好的投影片，準備好的 pitch，吸引評審的目光，產品的程式價值才有機會被看見。

所以我反其道而行，「奢侈」花了兩個小時準備投影片與 Demo。明明我在寫程式的造詣非常厲害，卻選擇把最重要的精力放在這裡。這是因為在這個場景中，專注準備投影片才能達到「成功」

先找出「成功」的定義，再依據這個準則，去安排當中的進度：

- 什麼是主線？
- 什麼是副線？
- 什麼是風險？

在這個過程中就可以把細節一一梳理出來。

我的作法是：一開始就把風險的部分都先抓出來。先建立主線，然後慢慢修整副線線。如此一來就會有充裕的時間，知道當中什麼事必須做，什麼事不需要做。

———

專案不是死的，是活的

我在這裡，想要再次強調一個概念「專案不是死的，是活的」。很多人對於專案開發最大的誤解，就是認為專案是死的，固定不動的。

專案的進行，必須要按照專案經理寫的一頁紙，或是說一大本規劃，嚴格執行規劃。但現實不是這樣，在做專案的過程當中，你會逐漸發現，很多當初的預想都跟真實的情況非常不一樣。正常的狀況很難完成當初預期的一直線計畫，常常只能「盡力」去「無限逼近成功」。

我在這裡，為各位總結一下「逆向法」的步驟：

1. **先定義成功。**
2. **根據「成功」排定優先順序。**
3. **預先保留「測試時間」。**
4. **將剩下的時間切成「三段」**
   a. 第一段：探索、架構主線、預備資源。
   b. 第二段：進行主線要做的事、逐步放棄不重要的事。
   c. 第三段：做好做滿收尾主線，儘量豐滿支線，迭代「重構」功能，始終保持每個版本都是「完整版」。
5. **大量反覆驗收有風險，會出包的部分。**

6-4

OTCBTC 的 35 天開發
是怎麼做到的？

我們在 OTCBTC 開發期間，也是按照這樣的節奏。

━━━━━

1. 先保留 10 天測試開發期

整個工期是 35 天。預留 10 天為測試期，25 天是開發期。

10 天又分為兩種測試：

- close alpha。
- close beta。

Close Alpha，內測，5 個工作天

Close Alpha 是開發組以及經營組人員，也就是與核心較為相關的
組別。此時針對的測試目標是這個專案業務上應該被「實作」的 主
要故事。

在 OTCBTC 這個項目裡，主要的故事：

- **使用者可以存幣，取幣。**
- **使用者可以發佈廣告。**

- 使用者可以下單。
- 使用者可以透過站內系統進行交易細節溝通。
- 使用者下單後可以對交易進行評價。

測試時的情景，要以不同角色，各自對這些故事模擬一遍。因為不同角色在同樣功能跑出來的故事流程，是很不一樣的。我們測試的角色有：

- 未登入會員。
- 登入會員。
- 客服許可權。
- Admin 許可權。

每個角色都測過一次。

之所以需要這樣測試的原因，是因為程式設計師在撰寫功能時，為了方便幾乎都是以 Admin 帳號進行開發。如果不制訂測試步驟和角色，很容易出現流程上的大漏洞。此時的修復重點放在「補完流程」或「捨棄流程」，確認所有「有價值的故事」是否正常運作。但不需要理會易用度，也不能進行任何 UI 動線上的調整。

Close Beta 半公測

Close Beta，是全公司所有人，公司員工的親朋好友，可以信賴的死忠會員等等。此時針對的測試目標是這個專案的使用者體驗。（我們後面會有一章，Onboarding 主要就是在講如何領先競爭者，預先幾個月迭代出良好的使用者體驗）

- 測試第一次存幣、提幣的使用者是否流程容易卡住。
- 發佈賣幣廣告有許多細節要注意，如何降低使用者門檻，又不容易發錯廣告造成糾紛。

- 流程動線是否讓買賣雙方覺得產生不信任。
- 是否不知道下一步該按哪裡。
- 網站新訊息的流動是否不夠快速，造成網站看起來一片死寂。

此時，已經視同準上線了（所以 Close Alpha 階段的資料會清掉），所有經營組的人必須視同運作狀態一樣經營站務。

特別針對「快轉場景」做測試

我們還會用真錢、虛擬貨幣實際做交易。以免測不出真實的細節。

我們印象中一個比較深刻的測試，是測雙方下單的互動。當時程式設計都是「快轉」測試。也就是兩個工程師坐在一起，互相發廣告下單，立刻跟隔壁說「我已經匯款了，你快給我發放幣」。

這樣其實測不出細節的問題。所以我下令測試的時候，兩個測試搭檔必須要坐在相隔很遠的辦公室，甚至一個人在家裡，不許打電話，不許用其他方式聯絡，純用網站下單溝通，這樣才能真實類比出我們的軟體有什麼問題。

後來在我們推出新功能後，都會多測一個「快轉」場景。有什麼場景因為是自己開發，已經很熟，或者是步驟很複雜，所以下意識在測試時「想快轉」。這些在 Beta 測試時，都要拿出來一個一個仔細測試。

必須花真錢，甚至是自己的錢去測

我在上線的前兩個禮拜。各給兩位經營組同事 10 萬人民幣，請他們也真實下去跟一般使用者真實交易。

一旦動用貨真價實的錢，測試者就會更小心，就會更進入到用戶心

態。這個方法，讓我們在早期捕捉到很多內部測試中自己沒有感知到的細節。

這個階段的修復重點放在 UX 動線的調整，以及經營方針、步驟的調整，避免開站後迭代太慢，網站變成死城。

─────────

25 天開發期

我們再把 25 天開發期分為三個階段：

- **部署期。**
- **主要功能開發期。**
- **細節補完期。**

部署期

這個專案的部屬期比較短。很大的原因是我們上一個項目是做區塊鏈投資平臺，所以已經有基本的錢包功能（存幣、取幣）。部署期比較短，主要的時間都是在去除上一個專案中這次不需要的程式碼。

主要功能開發期

我們在上一章提過 User Story。當中的第五版 User Story 長成這樣：

- **身為一個商家，我要能夠在後臺上架賣幣廣告，並且設定上架販賣。**
  身為一個賣家，可以在管理後臺上架廣告。

  ✓ 身為一個賣家，可以在發佈廣告時調整價格。

✓ 身為一個賣家，廣告錨定的應該是全球 BTC 行情均價。

✓ 身為一個賣家，可以在買幣者下單後，與賣家溝通進行交易。

✓ 身為一個賣家，可以在買幣者付完錢匯款後，提供數位貨幣給對方。

✓ 身為一個賣家，可以在買幣者下單後，收到通知後，立即處理訂單。

- **身為一個消費者，我要能夠在前臺看到廣告，並且下單購買。**

✓ 身為一個消費者，可以在前臺看到下單廣告列表。

✓ 身為一個消費者，可以在前臺看到廣告內容詳情。

✓ 身為一個消費者，可以在下單後，與賣家溝通，進行交易。

✓ 身為一個消費者，下單之後，賣家數位貨幣必須進行鎖定，確保交易安全。

- **身為一個使用者，必須在網站上擁有數位貨幣錢包，進行儲值、提幣。**

✓ 身為一個使用者，可以申請一個錢包 (BTC/ETH)。

✓ 身為一個使用者，申請錢包後，可以拿到一個數位錢包位址。

  ‧身為一個使用者，可以儲值到錢包位址（6 個確認後到帳）。

✓ 身為一個使用者，可以發起提幣。

- **身為一個使用者，必須經過身份驗證功能，才能使用完整功能。**

✓ 身為一個使用者，必須通過 Email 驗證。

✓ 身為一個使用者，必須通過實名驗證（身份證）。

✓ 身為一個使用者，必須通過進階驗證（銀行提款卡、信用卡）。

- **身為一個使用者，為了確保資產安全，必須綁定聯絡方式。**

✓ 身為一個使用者，必須通過 Email 驗證。

✓ 身為一個使用者，必須綁定兩步驟驗證。

在這個階段，甚至我們做得很簡略，只是勉強完成整個動線而已。

比如說這個動線：「商家發佈廣告→使用者看到清單→使用者看到廣告頁面下單→檢視下單細節」。

主要的工作就是先完成每條故事的閉環初稿。接著每兩三天，集中起來，一條線、一條線的完成主幹功能。

細節補完期

細節補完期，就是完成第一版後重構一遍再一遍。在進行測試前，至少重構三遍。

以下是我們錢包頁面的演化：

第一版甚至連錢包的位址都是假的。程式設計只需要專注在實現頁

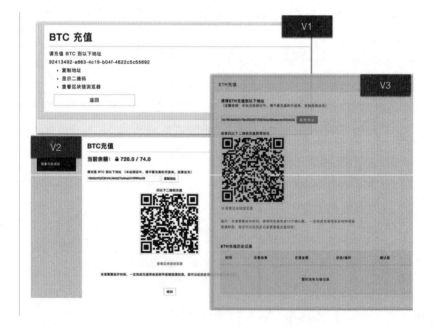

面上的功能。如「顯示二維條碼」、「複製地址」「察看區塊鏈瀏覽器」。真實的位址可以交給獨立的錢包工程師去實作。這樣就可以把開發的相依性徹底分開。

而功能在第二版開始就是「完整版」了，只是「比較醜」而已。

運用這樣的開發法，理論上無論哪一版都是「完整版」，差別只有細節體驗。

===========

功能的取捨，隨時隨地都是完整版

我們原本信心滿滿，想要在一開始就做出全功能版。但是在主幹開發期的第三天，工程師就愁眉苦臉來找我，說完整版實在做不出來。因為我們根本是重新發明「虛擬貨幣版」的「淘寶」加「阿里旺旺」。

- 所以當下我的決定，就是：
- 將「全功能的買賣廣告」砍到只有「賣廣告」。
- 即時聊天室改成要手動刷新的留言板。
- 第一版只支持 BTC。
- 只支援簡體中文版。

後面才在「細節補完期」視人力資源調配，慢慢補回來。我在這本書一直強調一個概念：

「專案是活的」，所以沒有什麼不能砍或者是再加上去的。

後期在 onboarding 期間補的細節，甚至還會遠超過大家的想像。但最重要的是，必須一直以「成功的完整版」的概念去釋出。「成功的完整版」是指這個網站能夠完成「Jobs to be done」的任務。

「Jobs to be done」是創新大師 Clayton Christensen 的一本著作 "Competing Against Luck: The Story of Innovation and Customer Choice"《創新的用途理論：掌握消費者選擇，創新不必碰運氣》書中的一個概念。他認為每一個消費者會去使用一個產品，本質上是雇用這個產品去完成一件工作（Jobs to be done）。

這本書的理論是創新不必依靠運氣或通靈，只要你找到這件事，並正確提供解決方案，最有效地幫助顧客達成任務的業者，就能取得競爭的優勢。

我們做專案的原則與準則也是如此。

PART 7

協作巨量細節
但保持高速前進

大家可能會好奇,做完一個軟體專案,平均需要完成多少件任務?

我生涯做過幾十個項目,我對過去的項目,曾經做了一個統計。一般來說,一個中型專案,從專案確立到第一版,平均需要完成 600 個任務。OTCBTC 的數字也大概是如此。但是,600 個任務,對一般非軟體業界的人而言,簡直是天文數字。

這麼多任務,這麼多參與的工作人員,究竟要怎麼管理呢?很久以前,我也對這件事情很有疑惑。直到了我加入了網路公司,才發現是有解法的。不僅有解法,解法還多的眼花繚亂。

7-1

不同專案適合不同類型的專案管理軟體

在一般的網路公司，我們通常會用「專案管理軟體」進行協作。

我們這裡說的「專案管理軟體」，並不是單純指一套工作方法、一套工作軟體。根據專案不同的體型，用的專案管理軟體也不太一樣。

═══════

小型項目：Trello（看板式）

一般小型協作專案的開發，我通常會推薦 Trello。（30 個以內待辦事項需要管理）Trello 是看板式管理。適合待辦事項狀態簡單型的專案（如：尚未實做，實做中，已結束）

═══════

中小型項目：Tower （列表式）

中小型專案，我推薦 Tower。(100 個以內待辦事項需要管理)

Tower 適合待辦項目中多類別型的項目。比如，我寫書就會用 Tower，第一章需要完成什麼，第二章需要完成什麼。

複雜型項目：Redmine

至於公司內部軟體開發，我們用的就是重武器 Redmine。

Redmine 是一套開源軟體，非常適合管理複雜的專案。這套軟體裡的常見功能，跟一些複雜型專案管理軟體（Trac、Jira）相似。但另外有一些特殊功能。

- **子母任務（可以展開 User Story）。**
- **里程碑（可以做逆向法）。**

非常適合本書之前章節提到的流程，加速前進。

7-2

協作其實是一門大學問

在我還沒有變成職業程式設計師之前，我曾經以為協作很簡單。兩個人一起工作，頂多用 Email 或者 Skype 軟體互相溝通需求就好了。後來才發現協作並不簡單。

工作內容溝通了，但是什麼時候開始做？又有多少工作要做？哪些緊急？那些不重要？待辦事項一多，或者成員一多簡直沒法管。個人專案 side project 勉強可以用紙筆或 Email 紀錄。

但是要進入大型協作（一個專案至少 10 個人以上參與），就一定要用軟體管理。我才知道，連這樣的問題，不但已經有解決方案了，還相當成熟。

專案管理工具可以幫到專案什麼呢？

通常專案管理工具多具備這些功能：

- Issue 的主題。
- Issue 的內容。
- Issue 現在的狀態（新建立、已指派、已解決、已回應、已結束、已擱置 ...... 等）。
- Issue 優先權（正常、重要、緊急、輕微、會擋路 ...... 等）。
- Issue 發生日期。
- Issue 希望解決日期。

- Issue 實際解決日期。
- Issue 被分派給誰。
- Issue 的附件。
- Isuue 的觀察者。

專案管理軟體主要能提供以下這些價值：

- Issue List：透明列出所有需要被執行的專案。
- Issue Milestone ：一個區塊可以列出階段內需要被執行的專案。
- Project Daily Progress：專案今日整體動態。
- Issue Ticket：一個可以記載 內容，狀態、優先權、日期、分派者、觀察者，且具有「permalink」、「許可權控管」，且讓大家可以討論執行專案細節的地方。
- Related Tickets：可以 Cross reference 或具有子任務功能。
- Wiki：一個地方可以整理統合專案現在所有的相關資訊。
- Personal Dashboard：一個地方可以看到自己今天需要 Focus 進行哪些專案。
- Custom Query：一個地方能讓 Manager 可以看到自己的同事正在進行哪些項目，這些專案目前的狀態是什麼。

―――――

協作功用 1：展開 User Story

我在 2010 年帶領團隊費時 2.5 個月開發出一套論壇系統。（75 天的速度，以 2018 年的標準，對我們團隊來說是不合格的，但在 2010 年這已經是閃電式開發）。

開發流程也是一模一樣。我們先寫好主幹 User Story，然後一條一

條展開次級故事開發。

而這就需要在協作軟體上，一起討論完成，並且讓團隊每個人都明確知道所有的 User Story。

―――――

協作功用 2：利用倒數計時法管理專案

在展開大項目的故事之後，我們開始利用「逆向法」。結合 Redmine 的 Milestone 功能，把這些 Issue 一張、一張歸類到 Milestone 去。這樣對每一周需要做哪些專案，就有很明確的歸屬。

必須要讓團隊成員，透過協作工具，看到每一周明確衝刺的進度很不一樣：

- 第一週：準備工程。
- 第二週 ：困難技術研究。
- 第三週―第五週：主要功能開發。
- 第六週―第八週：次要功能開發。
- 外包細節單獨 Milestone 控管。
- 倒數三週：UI 修正。
- 倒數兩週：封閉測試任務。
- 倒數一週：上線前細節任務。

每一週都有很明確的任務，以及要完成哪一些任務。

身為專案負責人，我在每週三、週四時，根據這些里程碑內的 Issue 消化速度，也可以大概感知到專案現在的進度是落後、超前、卡住，還是之前過於樂觀，需要據此來調整下一週的待辦事項飽和度以及優

先權，甚至砍掉 Story。

=======

協作功用 3：加速協作溝通

我慣用的 Redmine，預設配置只有三種狀態 ，「新建立」→「製作中」→「完成已結束」。

我們會擴充到六種不同的狀態，以配合現實中會發生的狀況：

- **新建立。**
- **實做中。**
- **已回應。**
- **已解決。**
- **完成＆結束。**
- **擱置不實做。**

=======

協作功用 4：決策與程式碼整合實做 (Ticket Branch)

有時候技術改進的決策，在程式碼上面無法被敘述追蹤。因此往回追溯 Debug 時，就會無意間破壞原始的設計。越改越爛。所以我們在工程上做了一些改進。配合 Git 版本控制，希望軟體工程師在開發功能時以一張 Redmine Issue 作為開發單位。

這樣的實做方式可以讓：

- 每一行程式碼背後都能重現決策。
- 程式設計能夠將任務切分乾淨，而不會有一大堆任務作不完的感覺。

Redmine 切任務切得恰當，有辦法讓程式設計感覺像沈浸在打怪、升級、破關之中，而不是陷入一個永遠沒有盡頭解不完的大泥淖。

———

利用 Redmine 加速：加速把 Story 切得更細，實做更快

- 單用 User Story，可以把角色關係釐清得更乾淨。
- 單用 Redmine 專案管理工具，可以協作的更快速

但接下來，我會介紹我們團隊怎麼樣把速度逼到極致。

7-3

如何拆解任務，保持速度

User Story 其實只是很粗略的實做版本。但是實做一張母任務，經過統計，平均也是再細切成 10 個子任務，逐步迭代。

以下我會分析一些切分任務的訣竅：

═══════

粗切：根據開發週期

在第一階段，我們會根據開發週期粗切。大致上歸類到每個 MileStone 去。 這一類任務的細微性大致上就會是這種等級：

- 身為一個商家，我要能夠在後臺上架賣幣廣告，並且設定上架販賣。
- 身為一個消費者，我要能夠在前臺看到廣告，並且下單購買。
- 身為一個使用者，必須在站上擁有數位貨幣錢包，進行儲值 / 提幣。
- 身為一個使用者，必須經過身份驗證功能，才能使用完整功能。
- 身為一個使用者，為了確保資產安全，必須綁定聯繫方式。

═══════

再切：根據工作天切分

比如説這一週，必須要完成「身為一個商家，我要能夠在後臺上架賣幣廣告，並且設定上架販賣」這個大 Story。那麼我們就再把這一個大 Story，讓負責的程式設計細切成單天可以解決的任務。

- 身為商家，可以發佈廣告。
- 廣告可以設定溢價比例，並追蹤 CoinMarketcap 綜合價格。
- 上架廣告必須繳交手續費。
- 下架廣告不可以在前臺被看到，也不可以被下單。

======

細節：切成一口氣可以做完的大小

每個人都喜歡自己可以一口氣「破關」的感覺。所以必須再把任務切到可以「一口吃」的大小：

- 廣告可以單獨設定溢價比例。
- 寫一支機器人程式，每五分鐘抓取一次 CoinMarketcap 上綜合價格並存取在資料庫。
- 全站每 5 分鐘更新價格，並刷新列表。
- 把溢價比例與全站價格做連動。

======

會卡住進度的任務切出去

有時候，我們在做某些功能的時候，某些關鍵功能無法一個人獨力完成，甚至後續必須要花費很多時間。這時候，「切分任務」這一招就非常有用。我們內部有一個原則，凡是：

- 三小時之內沒有解法。
- 需要其他人給答案。
- 或者需要辯論。
- 或者需要非常複雜的實做，甚至外包參與。

一律將這類問題，開任務出來，分配給其他人。

比如說，錢包頁面，需要展示位址，頁面上根據地址產生QRCODE，並且提供自動複製功能。

我們就會改成：

- 先做一個假功能，產生假的錢包位址。
- 根據假的錢包位址產生 QR-CODE。
- 並且提供自動複製功能。
- 請錢包工程師提供真的錢包地址。

這樣所有的進度，就不會把卡在錢包工程師的進度之上，而一無所獲。

相反的，錢包工程師只要一做好這個功能，難度就像一個「bug fix」一樣。

每一次的版本都是完整版

有時候，我們沒有辦法一次性把功能寫到最完美。比如說在 OTCBT 當中，買賣家溝通的橋樑，是一個能夠上傳付款截圖的即時聊天室。這個功能難度極高，無法在一周之內就寫完。但是需要這個聊天室的目的，是要讓買賣方在交易當中能夠「溝通」以及完成「付款交易」。

所以我們將 User Story 難度降低：

* 第一版，降低到雙方可以留言，並且上傳截圖（但是不能即時更新）。
* 第一版寫完之後，第二版加上即時刷新功能。
* 第三版，接上專業 pusher 協力廠商服務，重構成真正聊天室。

這樣不管上線時程如何，我們在哪個時間點都有一個「聊天室」，只是破不破爛而已。但不會「沒有聊天室」可以用。

———

每一個流程獨立都開票

在開發中，我們並不會強求，在一張票（一個需求、任務）裡面完成所有細節。相反的，我們鼓勵把同一個功能的票全部切開獨立進行：

* 討論。
* 畫面設計。
* 後端實作。
* UI 調整。
* 測試驗收。

全部切開獨立進行，相互關連，好處是不會讓一張票過長。上面有畫面修改，又有畫面實做。一張票更新長度長達 50 個 update。我們實際上是避免有超長票出現，因為這種票會讓程式師都有想死的念頭。短票，能夠讓事情短時間得出結論。一張一張迭代開出來，一張一張的解決。

整理一下我們的切票（切割任務）原則：

- **大腦當機就該切票。**
- **被人卡住就切票。**
- **每個半天都要解掉 1-3 張票。**
- **有問題就切割出去問，不要耽擱到開發進度。**

切到每張票都能夠有「直接解法」，或者是該張票的「主要任務」就是「被切出去棄置」。

這種「開票法」，會開出非常多任務。相對的，我們也在當中逐漸把很多細節釐清，並且擱置很多因為時間，預算，風險因素，必須要放一邊的待辦事項。

雖然任務越開越多，但是進度其實會越來越快。票開越多，才不容易森林大火，因為開票實際上是劃出防火巷的一個作法。

這就是為什麼我們平均統計，我們一個專案從開始到完成，必須完成至少 600 個任務，就是利用這種方式加速與逼近。

7-4

每一周聚焦的方法 ：指揮官任務

　　當然，下一個問題又會冒出來了。根據這樣的方式，會有大量的任務產生。難道是每個項目組成員自由開打嗎？雖然每一階段有主線，但是看起來支線是自由開打的，會不會方向沒有辦法被控制，到最後收不了場？

　　會有這個問題嗎？我們其實沒有遇到過。我們內部做項目有一個獨特的工具以及機制：「指揮官任務」。

　　這是我在知名辯論家黃執中在羅輯思維「你如何聽懂我說的話」學到的一個概念。

———

只能做一件事，你做什麼？

　　30 年代，美國陸軍的一個排接到的任務是，明早六點鐘要登上一個山丘，在山丘上做好防禦工事，掩護運輸隊通過，然後下來幫他們斷後，到另外一座橋進行準備補給。

　　結果第二天一上去，發現山上已經有人了，上不去了，或者天下大雨，上不去，怎麼辦？

他們的「指揮官任務」其實可以濃縮為一句話，如果明天交給你的任務什麼都做不到，唯一只能做一件事時，是什麼？那就是：「保護運輸隊通過」。

每個士兵，在接到這個指令時，腦子裡會有一個指揮官命令，他知道明天做的事就是保護運輸隊，一發覺山路泥濘，無法準時在六點上山時，就會立刻改變目標，當到了山頂，發覺視線非常糟，沒法瞄準山下的敵人時，也會改變計畫。

有了「指揮官任務」，隊員自己就會權衡什麼是輕、什麼是重。

> **指揮官任務，就是「只能做一件事，你做什麼？」**

═════

開發產品「充滿意外」，
你沒有辦法預測三個月之後的事

做 OTCBTC 時，我們原先想像的：上線後，馬上就有人用。持續 debug，業績就會增長。真實實際發生的故事是：上線之後，第一天營業額只有 38 萬人民幣，3-5 天以內業績都只有 100 多萬，還面臨強敵上線險些被滅。

我來談談我們 OTCBTC 開站第一個月擺脫死亡漩渦，後續甚至暴沖打下江山的那段過程。

Growth = Conversion（轉化）- Churn（流失）

坊間對增長這門技術的印象，就是不斷的曝光，不斷的增大轉換率。

但是創業公司所處的世界，卻是這樣的：增長的確得不斷的增加轉換率，但是降低流失率也是增長另一個方向。特別是創業絕大多數時候，甚至是最初一個月，流失率是遠遠大於增長率。

如果不把火力集中在「阻止流失率」上，增長只是空談。

交易所是一個非常特殊的行業。很多人認為交易所只是一個平臺。在虛擬幣世界裡面，交易所等同於「銀行＋股市」的一個角色。要交易，使用者得先存錢進去。但現實來了，一個新幣所如何讓用戶信任，並且開始在上面產生交易。

這件事是沒有辦法規劃的。特別是我們當時在幣圈是 nobody。

但我們當時在幣圈首創了一個先河，就是開了線上即時客服服務。當時我們用了一個線上即時對話工具，叫 Intercom。這個工具很多互聯網服務都有採用。但是在幣圈是首創。（即便到現在為止，許多交易所，還是堅持只有 Email 服務，回信週期是「至少一周」。）

很多互聯網服務不喜歡提供這個服務，是因為認為運營成本太重，客服成本太高 --- 所以沒有必要。

但是我本身是做產品以及增長出身。深知好的客服服務，才是增長之本。（我們在後面的章節會提到客服的章節）

Intercom 真是我們的秘密武器。我們當時是唯一一間，做到早上抱怨，晚上就修復上線的幣所。全拜 Intercom 所賜。很多早期流程上的瑕疵，就是用即時客服抓出來的。

OTC 是一個非常注重體驗與營運的行業，因為幣圈是一個雙方都

互相不信任的世界，雙方信任非常非常的脆弱。而這樣的反應速度，帶給了很多試用的客戶，極大的安心感。

========

第一周的指揮官任務：拼命創造深度

但很快的，我們發現，體驗在其他互聯網產品可能是最重要的。但在 OTC 圈不是。OTC 幣所，最重要的是深度。

而在站上，最需要寶貝的使用者，不是來買幣的人，是賣幣的人。為什麼是賣幣的人？願意賣幣的人，第一得先敢存很多錢能夠賣幣的人，本身也都很有錢，服務不好他就走了，他沒必要跟你在這邊瞎鬧

所以在這上面賣家地位是遠大於買家的，重要性也大於買家。

說穿了，大家都想要買比特幣，但是能固定批發做買賣家的就是那幾個不動上千萬上億的商家用戶。

創業界有一句話是說，可以的話儘量別創需要搞「雙邊市場」的公司，難度真的太大。因為雙邊市場你得同時解決「供應方增長」、「消費方增長」的問題。而且也要同時解決「供應方流失」與「消費方流失」的問題。

很不幸的，OTC 平臺就是「雙邊市場」。

開站第一天，我們很快的就意識到，我們網站深度不夠。深度就是賣幣廣告的多寡。而深度是要由賣家來創造。但是我們並沒有熟識的賣家。全是嘗鮮的散戶。

我意識到要是我在第一周沒辦法解決這樣的問題，那麼「就沒有下

一周」了。

所以第一周。我們推出了「永久千一會員」計畫。千一會員計畫造成了一個效果。許多平常本身沒有賣幣的使用者，為了想要刷出資格，各自在微信群裡面找朋友「互相刷單」（甚至自己貼手續費）。所以造成兩個效果

站上廣告暴增，想要買幣賣幣的人絕對找得到對手。廣告效果直接打穿了，當時幣圈每個微信群。甚至對一些 OTC 微信群有了毀滅性的遷移效應

也因為深度直接建起來了。我們 intercom 收到了巨量的回饋，讓我們有辦法據此迭代改進。

＝＝＝＝＝

第二周的指揮官任務：優化賣家體驗

我們從倒閉的邊緣，瞬間沖到了廣告爆棚。（業績成長到一天一千萬人民幣）

因為瞬間沖進來了幾千個賣家，我們發現，我們對於賣家的機制其實很多細節是不足的。

但是，Intercom 進線進來的客訴太多，我們不知道哪一些該被解決。

而且開發組先改進的功能，客戶覺得不重要。反而他們覺得很重要的功能，我們的 PM 卻覺得不重要，一直沒有安排。所以我的私人微信開始有人直接找我抱怨。甚至揚言不改善他們就走了。

我突然間意識到很嚴重的一個狀況。我們並不是職業交易員,感受不到他們的痛。

所以我立馬安排三個內部同事。給他們一人二十萬人民幣。吩咐他們的工作每天就是在上面跟站上的賣家一樣職業交易。賺錢算他們的,虧錢算我的。果然我們馬上抓到一堆「嚴重」的基本面問題。

例如:防爆倉機制,聊天室通知,改價動線。

因為我們在測試時,都是用假錢與同事互轉,根本沒有辦法測出這些問題。

======

第三周的指揮官任務:降低客訴率

第三個星期因為量都起來了,深度也足夠了。開始會有一些交易的糾紛。

有一些新手不知道交易的規矩,隨意反悔。或者幣價波動而反悔。有的根本忘記關廣告,不想賣幣而反悔。當然,還有隨之而來的詐騙(簡信詐騙,支付寶微信預約付款然後取消等等)。有的賣家根本不想賣新手等等等等。

雙邊市場的難度,還有一個問題在於不只我們網站 UX 設計不好,會讓買賣家流失。交易對手的惡劣態度,也會提高流失率以及喪失對平臺的信心。

我們開站時為了要降低門檻,沒有經過身分驗證的,還是可以買幣,但是只能買一百塊的比特幣,有一些詐騙集團會讓賣家先在平臺

上與他們交易小額，然後誘騙他們繞過平臺在微信上直接交易大額。

所以我們又花了一整整個禮拜，針對這一些交易不誠實的舉動，全面調整了機制。

一周只做一件事

這一些舉措都不是「預先規劃」的。而是我們用 Intercom 偵測到的高併發客訴歸納總結出來的。

我們每一天下午五點都有一個客服交班會議。大概累積到週四，我們就會知道下一周的重點方向應該在哪裡。

我們當時只有一個明確的指揮官任務：「不能讓上一周的常見客訴，出現在下一周的常見客訴列表」裡面。

低客訴且高滿意度之後才進行後續推廣。

我們在上線之後的第一個月，幾乎是每天工作 16 個小時，每週工作七天的狀態。我每天都在公司不敢走。前兩個禮拜是害怕公司倒，後幾個禮拜是 "BUG" 修不完。我不僅要兼當客服，自己還得幫著修程式碼、寫文案。

一直到第一個月把常見客訴消到差不多之後，才開始進行推廣活動。

後續又因為客服壓力太大。內部又開始開發了部分的客服自動回答輔助機制，以及完整的客服幫助庫。

7-5

產品創業跟你想得不一樣

　　很多人認為做產品與創業，是能夠規劃的。所以想要追求一套「精準」、「按照計畫快速執行」的框架。

　　但實際上要參與這樣的遊戲，我認為應該要切換成這樣的角度。甚至設定成指揮官任務：

- 開發產品進度時「不能被擋住」
- 營運公司時「不能被害死」

━━━━

不能被擋住

　　所以我們在做產品開發時，每一周都有一個明確要完成的「主幹相對完整版」。並且優先權擺在得掃除會卡住的關節進度任務。至於票怎麼展怎麼砍，原則就是不能 delay。

━━━━

不能被害死

是我們上線第一個月，細節打磨，就超過了 1000 票。這些票都不是預先的規劃。而是「不做這些就會死」。

我們團隊方向不是方向精准，不是老是下對正確決策

這是因為我們體悟到這些事：

> **規劃永遠與發生的不一樣。但這不代表不需規劃，而是得做好心理預期，規劃有可能不會如你想像的發生，甚至 180 度大拐彎**

打仗最怕內耗，以及指揮官發出與前線發生不一樣的判斷，而且不准臨機隨時應變，結果全隊陣亡。所以方向儘量簡單，而且只有一個方向。

創業公司是火箭，不是華麗的太空艙，是失速（不管是暴沖失速，或者熄火失速）著火的小飛機。太多地方著火了，重要的是去滅下一秒就大爆炸害死所有人的區域。而不是那些關心那些無關痛癢的零件。

滅火最重要，姿勢不重要。戰場上面沒有明確與周全，只有 what ever it takes。

PART 8

超越 UX：
Onboarding UX

在風口上能夠即時打造出產品並上線，固然重要。
但是這並不是創業的全部。

程式師常以敏捷開發自豪，但是在創業世界裡面，
打造一個易用且有價值的產品，能讓使用者留下
來永續使用，這才是一切。風口中上線只是一個
前置條件。

8-1

什麼是 Onboarding UX？
讓小白也能上手產品

「打造一個易用且有價值的產品能讓使用者留下來永續使用」，說起來輕鬆，但實際上很困難。

系統一上線，使用者的回饋與抱怨一大堆。如何確認哪些需求是真實被需要的，是緊急的，是傷害核心體驗的。何時修？怎麼樣修？該改善的多徹底？都考驗著產品團隊的能力。畢竟，用戶注意力有限，要是這個項目沒有解決到問題，使用起來又困難重重，離開是很自然的事。

─────

OTCBTC 內部框架：如何打造優質使用者體驗

OTCBTC 在幣圈最常被稱道的就是產品的介面體驗。

「絲滑流暢的不像一般幣圈產品，完全不需要學習成本，小白最容易上手」。這幾個詞是在業界使用者，最常給予的產品讚美。

但是在讚美的背後，一些朋友對我們團隊系列產品狐疑的地方是，根據程式師或專案經理的過去經驗，OTCBTC 在產品體驗上的小細節，是極不可能在產品規劃階段，或是產品開發階段就想到的。

所以究竟是怎麼在開站前，就提早佈局且實做出這些細節？

是抄其他服務嗎？看起來又不像是。這些細節似乎無所不在，不是光複製介面就有辦法抄得動。

但是這些貼心細節甚至細到，這個站在上線前已經運營許久一樣，已經靠用戶營運累積深厚細節一樣。

是動用了海量程式師嗎？也不像是。我們在 OTCBTC 開張前，公司成員不到 20 人，是個標準的創業團隊。

有 UX 大神嗎？也沒有。其實我們內部連專屬 UX 部門也沒有。

說穿了，這些細節的打造，全靠公司內部開發出來的一門獨門框架：「Onboarding UX」。

———————

什麼是 Onboarding UX ？

Onboarding UX 是這門框架的名稱。而 Onboarding 這個字，指的是「讓使用者熟悉流程」。

Onboarding 這個名詞起源于人力資源領域，指的是「新員工入職程式」。

一套好的新員工入職 Onboarding 程式，可以讓新員工很快的適應新環境，並且快速投入公司的產出。並且好的 Onboarding 程式，可以讓員工迅速對公司產生認同感，不容易離職。甚至很快融入工作環境，創造巨大效益。

Onboarding 的效果這麼厲害。同理，我們也希望相同的效應發生在網站使用者身上。畢竟，互聯網業取得用戶也是要花費巨大成本。

如果使用者一進到這個網站，短時間之內能夠：

- **很快熟悉網站介面**
- **馬上在網站上取得核心價值**
- **對這個網站產生認同感，重複消費**
- **愛上這個網站，廣為宣傳**

那這個產品，不高速成長也難。

但這件事發生在剛上線的產品上，有可能嗎？

看似不容易，但其實真是有可能辦到的。

8-2

如何實做 Onboarding UX？讓新用戶變熟客

增長領域最重視的一個概念，叫「留存」。許多人在搞增長時，有一個迷思，以為不斷的曝光拉新，業績成長就是增長，這其實是錯誤的概念。

你拉了新用戶，但是對方用了產品之後，不是很滿意，轉身就離開。那麼下次不管你再怎麼使盡吃奶的力氣，都是很難讓這個使用者再度回來消費的。

唯一要讓業績上升的方法，只能不斷再去拉其他的新。但這不是解決之道。池子就這麼大。有朝一日，再多的新也會被拉完。

> **唯一能夠持久增長的秘訣。在於有了新客戶之後，讓客戶變成常客，甚至還變成能自動幫你推廣的「熟客」。這才是增長的硬道理。**

提高留存率的關鍵：讓使用者學會使用你的產品，從而感覺得到價值

那麼。我們要怎麼提升留存率呢？

幾年前，我在一篇研究文章內找到了答案。Hubspot 當年在做 Sidekick 這項產品的資料調研。針對不願意續用該產品的客戶，挖掘出一個反常識的資料。

這份報告總結出，客戶為什麼會停止使用你的產品：

- 30% 人離開，是因為不懂得如何使用
- 30% 人離開，是因為沒有體會到當初宣稱的價值
- 10% 是因為產品做得爛
- 10% 人是因為其他競爭者比較好

我們以前常常認為自己公司生意不好，是因為公司產品這個不好那個不好。或者是競爭對手這個好那個好。所以選擇把精力貫注在與其他公司比較產品功能。

但用戶離開真實的原因卻是這樣的：

> **絕大多數客戶不再光臨，完全是因為「不會使用用，從而感到沒有價值」，只好離開。**

所以提高留存率的方法，非常直觀。提升產品留存率根本不需要碰運氣亂修，只要專注在一件事：「讓使用者學會使用，從而感到有價值」，馬上就可以得到很好的效果。

8-3

提升留存率與品質無關，
而是有沒有讓用戶建立「習慣」

方向找到了，「讓使用者學會使用，從而感到有價值」。

但這件事，還是不容易。

「讓使用者學會使用」的具體方式是到底是什麼？是播放影片嗎？還是寫教程呢？還是在介面上到處放 Tips 呢？

感覺好像都不太對。

我後來碰運氣，找到這個真正實踐的方法。才發現，關鍵點竟然都不在我們原先直觀想像的作法上。

━━━

品質爛竟然還一直回訪

2014 年時，我在矽谷一家公司任職，這個服務是做十分鐘內送上門的便當外送。

有一陣子銷售遇到瓶頸，公司想找出原因並且突破，內部資料團隊就派一群實習生去作客戶訪談：問問客戶，有什麼是我們得優先改善的？

結果答案十分讓我們震驚。

客戶收到問卷後，不意外的倒出一大堆抱怨：

- 不好吃
- 速度太慢
- 司機送餐態度惡劣
- 等等等

但是。別以為這些使用者抱怨完這些缺點之後，馬上就棄坑。這些用戶不但沒有棄坑，反而還是不離不棄的常客，始終一直在使用這些服務。

我們對這個現象感到很驚奇，想問他們繼續使用的原因到底是什麼。

實習生回報的答案是：因為這些用戶已經「習慣」了。因為這個服務，對他們來說還是非常便利：

- 「雖然廣告宣稱 10 分鐘到，但是，客戶內心預期都是最晚 30 分鐘內能到就可以了。」
- 「雖然不是什麼可口的便當，但是「能吃」。以 10 塊錢的餐，這樣的品質可以了。」

客戶內心對這個服務有一個最差的預期，而這個產品還活在這條底線之上。

後來，我們內部在撈資料時，發現我們所有的常客，只要在兩周內有連續 5 次以上的消費記錄，這個人就很有可能成為我們的常客。

於是，我們就做了一檔行銷活動，叫「5by5」，活動內容是這樣的：第一單半價（5 元），只要你消費了，就再給你一張半價券。連續五次以內都是半價。

本來程式師對於這個策略半信半疑。其實搞得很勉強。

但是，這個活動真的有用。在完全沒有改善服務品質的情況下，我們的留存率與銷售成績就飆上去了。而且，果然常客比率大幅上升。

=====

與品質無關，與習慣有關

這樣的結果讓我有點震驚，但又覺得不意外。

我們這裡舉一個例子：你最喜歡去的火鍋店是哪間？

突然間你會發現，這個問題的答案，可能不是市區的頂級豪奢海鮮火鍋，而是自己上班或居住社區的火鍋店。

但是，沒道理啊？

這小店服務員可能一天到晚會漏菜，在尖峰時間菜可能還會上得很晚。為什麼我還是一天到晚會去？原因在於：「習慣」。

- **你知道自己在這裡消費，拿不到什麼（菜的品質或服務員的品質）**
- **但是可以得到什麼（最快時間吃到火鍋，吃飽）**

而這最符合大腦決策邏輯，且是最省事的判斷。這就是所謂的「習慣」。

人類沒有辦法一天到晚對每件大小事都進行決策，如果一天到晚這個也要決策那個也要決策，很快大腦就會不堪負荷。

所以一旦過去已經下過決策，而且體驗還可以的記憶軌跡，會被建立起來變成常規行為，這件事就叫做「習慣」。

我意外的發現：原來就算沒能力在短時間拉升品質，管理客戶的預期，建立起「消費習慣」，也可以是留存的方向。

8-4

建立消費習慣也有策略框架

「建立消費習慣」這件事，是有經典套路的。行為學家，提出了「建立習慣」的三個步驟：

- **Step 1: 消除疑慮與挫折**
- **Step 2: 立即傳遞價值**
- **Step 3: 獎勵期望行為**

只要重複這個套路幾次。使用者就很容易建立起習慣回路。

而且行為學家甚至提出更進一步的說法：「建立習慣的套路，甚至跟上癮的套路是一模一樣的。」

若要將使用者搞到上癮。把第三步的「獎勵期望行為」裡的「獎勵」改成「變動獎勵」（開兩次小寶箱，之後變成開大寶箱，再改回開小寶箱）。使用者很容易就上癮了。

我在這裡分享一個場景。

———

常客如何變成會推薦朋友去的熟客？

前面我們提到了社區火鍋店。

有天下班你到了這間品質一般的社區火鍋店吃飯。但突然發現店裡面開始改菜單了，原先你一直吐槽的醬料，提升檔次了。再下次回去，湯頭開始變得好喝。再下次，從沒看過的老闆娘突然出現，還招待你試厲害新菜，甚至還打個折。

你會不會期待下次又出現什麼？

要是每次回去都驚喜如常，品質穩定，真的不變成熟客都難。不推薦給同事都難。

=====

產品提升留存的技巧

所以，做留存的重點，不在於立即改善服務的品質（這可能也是短時間改善不了）的。

但是你可以這樣做：

- **讓客戶先對服務（不管是好或是爛），有內心預期**
- **但這個服務要有解決核心問題**
- **在服務末尾階段，要有部分的「獎勵行為」（也許是稱讚，也許是贈品）**

讓客戶至少可以在下次想要重複這件事情，就會想要再度光顧你的產品。

如此一來，就可以有機會建立顧客的重複消費習慣。如果你的服務逐漸升級，甚至顧客會覺得這是「變動獎勵」，常常感受到驚喜刺激。

這就是「建立習慣」，這就是「常客養成」。

8-5

靠 Onboarding 一開始就把專案作對

當我們在開發新產品，面臨最大的挑戰就是：不知道原先開發的功能，做的方向是不是準確。原先做的功能可能 90% 使用者都不知道怎麼操作。公司也沒有資金與技術能把產品一瞬間做到完美。

很多公司創業的方向，若不是一開始挖到一個強勁剛需能很快 PMF 的市場，極有很可能就在「學習捉摸」顧客需求當中，把新使用者的信任或者是之前準備的資金燒光光了。

所以，這就是為什麼我一直在研究這個議題的原因。

創業者往往手頭只有那麼一點資源，也只有那麼一點初始客戶，實在沒有資本一直不斷的砸在獲取新客戶上。

> **所以，無論如何在一開局就要把留存率拉高。**

Onboarding 框架

《The Membership Economy》一書整理出了一個好的 Onboarding 流程怎麼做？

步驟一：去除障礙

- 加入會員（免費試用或定期續約）：盡可能讓流程順暢無礙
- 歡迎入會：確保顧客知道簽約內容並感謝它們加入

步驟二：立即傳遞價值

- **立即參與：**
  - ✓ 提供提供初始價值（一首歌，一個禮物，一項事實）。
  - ✓ 從一個「遊戲」開始（遊戲化），鼓勵會員做出理想行為
  - ✓ 跟社群裡的其他會員互動

- **請顧客回饋意見：**
  - ✓ 入會第一周透過電話，電郵或攔截式訪談
  - ✓ 準備好耐心傾聽會員的意見

- **提供回饋：**
  - ✓ 讓新進會員知道，它們如何影響其他會員，譬如：時間，參與，人口統計資料
  - ✓ 可能的話，指出各位會員的獨特優勢

步驟三：獎勵期望行為

- **要求推薦：**
  - ✓ 鼓勵會員在入會 30 天內，邀請其他朋友試用
- **利用資料分析開始提供客制化體驗：**
  - ✓ 將獨特要素融入體驗，展現對會員的肯定
  - ✓ 專注於持續改善，而不是重大突破

- **轉入到培育計畫：**
  - ✓ 持續提供資訊，協助會員將本身體驗與連結最適化
  - ✓ 以持續一致的方式跟會員溝通

———

Onboarding 框架舉例

依照這個框架。以下我舉一個例子，以「外賣軟體」為例，Onboarding 流程又是怎麼做的：

步驟一：去除障礙

- **剛入門**：簡化註冊流程，只要求用「手機號碼」服務。
- **剛開始使用**：登入時有 4 頁提示指南，快速提示這個服務的價值，並提供新用戶許多折價卷或紅包。

步驟二：馬上提供服務

- **馬上提供服務**：設計一個流程讓使用者能夠很快地找到方圓 2 公里的可提供外送的餐廳，並提供許多選擇。
- **立刻詢問回饋意見**：如果使用者打開 App 後一周內沒有下訂 3 單，打電話問使用者是否卡住。

步驟三：獎勵期望行為

- 邀請顧客推薦給別人：點餐過後，App 提供紅包讓顧客可以在朋友圈裡面轉送。
- 根據客戶喜好定制方案：App 收集資料，開始針對顧客口味推薦適合他的外送商家。
- 轉變為一個長期顧客優惠計畫：長期顧客可以享受免運費優惠。

8-6

如何在正確的「時間點」正確的「觸發或獎勵行為」？

但是，知道了 Onboarding 是怎麼回事。我們又如何知道，要在哪個正確的「時間點」正確的「觸發或獎勵行為」？

我逆向工程了數十份 onboarding checklist 找到了方法。這套方法是由 8 個問題組成：

1. **在開始前，用戶會問你什麼問題？**
2. **在第一次使用前，用戶會忘記做什麼會讓使用者體驗搞砸（最常客訴的點）**
3. **用戶最常做了什麼「正確的事」達到很好的體驗？**
4. **使用者最常做了什麼「錯誤的事」結果收到很糟的體驗？**
5. **東西售出後，你如何檢驗它們做了「正確的事」或者是「錯誤的事」？**
6. **顧客如何聯絡你修正問題？**
7. **你怎麼做事後補償的方案？**
8. **你希望它們如何事後幫你行銷？**

然後團隊試著回答這八個問題當中的每一個問題。這時候還不需要修復，只需要誠實回答。每一個問題至少寫 8-10 個答案。

以下我舉過去我曾經開設過的線上教學課程為例子。

產品的流程，我們通常可以分成三階段：事前，服務中與事後。我透過「事前」、「服務中」、「事後」三個階段補強服務。

階段一：事前

　　根據前面提到的問題法，我們發現學生，在「上課前」（準備階段）時會有一些疑問：

- **課前要練習到什麼程度？**
- **要準備什麼電腦？**
- **環境要怎麼裝？**

　　所以我們做了這樣的安排：

- **課程前設立了一個歡迎課程**
  - ✓ 具體敘述要去哪裡買電腦
  - ✓ 詳細的安裝環境指南
  - ✓ 以及有明確的驗收標準

　　而且當他們裝環境後，會卡住的人普遍有這些情形：

- **忘記裝環境**
- **本沒有把 Ruby on Rails 開發環境 build 起來。光裝機就超燒時間**
- **學生家裡網速非常慢，或者是用了非常爛的「科學上網帳號」**
- **使用錯誤的方法學程式設計，導致學習進度緩慢**
- **自己獨立學習，卡住沒人救**

　　所以我們在歡迎課程裡面，多做了兩件事：

- **贈送每位同學高品質的「科學上網」（VPN）服務**
- **提醒同學可以加入 Slack（學習聊天群組），找助教聊天**
- **鼓勵同學組織地區 Meetup 互助學習**

階段二：服務中

我們在上這些課的時候，發現在這門課表現傑出的同學。與過去背景是否有學過程式設計沒有太大的正相關。有些時候，甚至沒有學過程式設計的同學，學習速度比學過程式設計的人還要高，甚至成果更好。我們發現表現比較好的同學：

- **按照老師的正確指導，練習，且重複複習**
- **有預習，按時交功課**
- **每天寫 ORID （自我反省）**
- **有參與或組織 Meetup**

表現很差的同學有這樣的特徵：

- **不按照老師的正確指導，按照自己以前學習的步驟學程式設計**
- **最後一天才寫功課**
- **不寫 ORID （自我反省）**
- **不紀錄「錯的」經驗**
- **不敢問助教**
- **不去問 Meetup**

所以我們改善的作法是：

- **開學第一天就設立「放下你的無效學習」，並要同學承諾**
- **設立多個微信群組，以及多線助教**
- **使用交作業系統，確保學生進度有跟上軌道。發現交作業死限三天前，還沒有交的人，陸續提醒。**
- **不斷安利寫 ORID （自我反省）的好處**
- **把自我反省與紀錄，當作是作業的一環去要求同學**
- **利用同儕學習證明「正確學習」的威力**
- **展示學長姐過去的學習紀錄，證明按照正確的步驟走，能夠有很大**

的學習效果。最終起了非常好的示範效果

- 課程每一周上新，但是有時候同學會被當周難度卡住，或者上面教材有錯，會讓同學卡住
- 開放教材系統的吐槽評論。讓先卡住的同學第一時間就能會報 bug。
- 一旦在上面發現同學反應難度太高，就立刻上線補充教材
- 要求值班助教每天回報同學常見卡住的問題。

我們也會同時作：

- **利用交作業系統確保同學學習的方向正確**
- **鼓勵同學寫作 ORID（自我反省），以及整理小常識**
- **多多舉辦群分享**

觀察他們使用的狀況。隨時調整上課進度與難度。

———

階段三：事後

我們從追蹤的情況。發現只靠教材是不足夠的。有時候學生想要多問一些其他問題，或者學習強度太高，挫折感提升。

於是我們每週會：

- **根據學習的效果，每週舉辦兩次 Live 講座補強**
- **額外多錄線上的教程**

實在不行，就單獨助教輔導，請他們參與線下 Meetup。

再不行，就啟動留級機制。

如何激勵同學，並且展示成果？

我們在整個課程當中，設計了兩次程式比賽。鼓勵同學參賽。比賽是以上課作業為藍本。擴充以及裝潢成自己的參賽作品。

在這個過程中，會鼓動學生的競爭意識。提高學習意願。在參加比賽時，因為獲選標準，需要同學互相投票。同學會撰寫教程指南，分享在課程論壇上。希望同學看完教程之後，能夠投票回報作為感謝。

於是比賽時，優秀教程也滿天飛，促進下一輪的正向迴圈。同時，為了拉票，他們也會在其他非課程微信群上，向自己的親朋好友拉票。

在比賽結束後，我們也鼓勵同學針對這次大賽，寫下自己的學習心得。

- **參加大賽，學習成果自證**
- **拉票也會感染到周遭其他人**
- **推坑朋友**
- **上其他分享群裡面分享方法**
- **整理學習心得發表**

如此一個課程迴圈下來。一個同學至少會寫 30-50 篇的學習心得以及紀錄。有幾百個同學同時上課。會產生出成千上萬篇的學習紀錄與分享。達到非常好的效果展示。

三個觸發與獎勵行為的階段

我們再梳理一遍：

在事前階段：

- 消費者買單前最常猶豫的問題
- 最常一開始就搞砸的問題（付完錢後最可能死在哪裡）

一開始讓使用者就死在門口是最不值得的。然而這些 bug 卻是最好修的。

在內部測試第一輪，就可以找出一大堆。能修的就修，不能修的：

- 砍掉該功能
- 在 Landing Page 上淡化
- 以 FAQ 說明代替功能修復

在服務中的階段，有些人一用這個服務就上手。但有些人一進來就崩潰了。想辦法引進大量用戶，並觀察他們：

- 如何「意外的」「用得很好」
- 或者在「意想不到」的地方卡住

每一個使用情境都是一段「使用者故事」。對每個使用者故事都設立「檢查點」，觀察使用者最容易在哪裡「掉下去」。

將「用得很好的人」的經驗做成密籍，在關鍵點植入，推薦使用者參考。然後趕快修掉「意想不到」會掉下去的地方。

用戶既可達到預期，又可以得到良好的體驗。

在事後階段思考：

- 會產生什麼效果？

- **是不是可以拿這些效果，去證明你當初宣稱的是不是有這麼好？**

利用產品產出的內容，利用這些成果自證效果。

同時 run NPS 問卷（後面在 Referral 章節，我們會談這個方法），配合 NPS 找出不適合的客戶，逐漸過濾掉。增強適合你產品的客戶的體驗感受，把正迴圈的比例拉得越來越高。

下一篇我們會展示 OTCBTC 是怎麼實際運作 Onboarding UX。

8-7

OTCBTC
是怎麼做 Onboarding 的？

OTCBTC 任何服務要上線前，都會跑上一輪 Onboarding 流程。

- 上線前兩周（功能故事已經完成），跑第一次 Onboarding：至少找到 100 個問題並修復。
- 上線前完成（介面流程已經調校體驗），跑第二次 Onboarding：至少找到 50 個問題並修復。

我們也會對每一個主幹的 User Story 進行測試。

━━━━━

舉例：OTCBTC 提幣功能 onboarding

以下舉 OTCBTC 提幣功能的 Onboarding 為例子。這是當時測出來的 Onboarding 回答。

1. 在提幣前，用戶會問你什麼問題？

✓ 二次驗證的手機丟了是不是就不能提幣了？

✓ 大額提現會不會有額外條件？

2. 在第一次提幣時，用戶忘記做什麼會讓使用者體驗搞砸（最常客訴的點）

✓ 新建了錯誤的提幣位址

✓ 到提幣的時候才告訴我要綁二次驗證，然後我裝不了二次驗證

✓ 我不知道要去按 email 中的提幣確定連結

✓ 不知道區塊鏈資產到賬時間取決於區塊鏈的確認速度，以為跟平臺有關

✓ 忘了要提幣給 A 錢包結果提幣到 B 錢包

✓ 手機丟了 google 驗證也不見了，平臺也無法更改手機號

✓ 不知道礦工費是多少

3. **用戶最常做了什麼"正確的事"達到很好的體驗**

   ✓ 在沒有提幣需求的時候清楚知道提幣需要什麼流程，在急忙提幣的時候能順暢和知道該怎麼做。

   ✓ 去看了提幣的功能說明，知道提幣需要手機驗證和去郵箱點擊

   ✓ 知道區塊鏈資產到賬時間取決於區塊鏈的確認速度，與平臺無關

   ✓ 做好標籤地址的填寫，提幣出錯率大幅下降

   ✓ 認真逐條看我們的幫助中心

   ✓ 理解區塊鏈原理，知道提幣需要的時間可能會變動

4. **使用者最常做了什麼"錯誤的事"結果收到很糟的體驗**

   ✓ 轉錯地方了

   ✓ 輸入錯了位址

   ✓ 忘記了綁定郵箱的密碼

   ✓ 手機丟了，沒辦法二次驗證

   ✓ 沒按到 email 的驗證信結果等了老半天

   ✓ 收不到手機驗證碼也不會下載 google 二次驗證

   ✓ 沒有認真看我們的幫助中心

   ✓ 寫錯標籤地址

   ✓ 提幣後才發現提幣金額甚至少於礦工費

✓ 申請提幣後不知道可以取消提幣

✓ 提幣時不知道還要手動確認

5. **提幣完成之後你如何檢驗他們 "做了正確的事" 或 "做了錯誤的事"？**

✓ 檢測客戶提交提幣申請到郵件確認這個時間的長短，時間越短代表越順暢。

✓ 檢測是否有提幣待確認中的筆數

✓ 收到提幣成功的通知郵件或短信通知

✓ 通過 TxID 查詢

✓ 偵測用戶在提交申請提幣，到點擊確認的時間長短來判斷

✓ 統計二次驗證綁定率來判斷，綁定率低，證明使用者不知道提幣需要二次驗證

✓ 提幣數量正常，沒有少於礦工費的提幣金額

6. **他們如何聯絡你修正問題**

✓ Intercom

✓ 提交工單

✓ 在 Wechat 或 Telegram 群組提問

7. **你怎麼做事後補償的方案？**

✓ 如果他們有找客服，客服在最後一句話補上「遇到任何提幣問題，請隨時聯繫我們」，顯的我們很關心他們的資金安全 ....

8. **匯集常見客訴進行改進 (ex, 寫常見 FAQ 或是幫助中心)**

✓ 添加新任務

找出 Onboarding 內需要完成的重點

從這一份 Onboarding 回答當中。我們拉出提幣有幾個比較會直接讓使用者「不安」或者「卡住」的重點。

- **階段一：提幣之前**
  - ✓ 不知道提幣額度是多少，結果要提的時候，被耗光了，找客服很心急，但也沒辦法幫他
  - ✓ 區塊鏈地址是一串亂碼，輸錯了無法轉帳

  所以我們在新建提幣的地方，提示今日額度　。

  在新建位址頁面，提示我們會擋住非法位址。而且如果輸錯地址，後果應當自負。

- **階段二：提幣當中**
  - ✓ 區塊鏈轉帳發起後，就不能撤銷
  - ✓ 區塊鏈轉帳很慢，使用者不知道現在進度到哪
  - ✓ 提幣需要郵箱驗證為本人，但是收不到信
  - ✓ 不知道提幣手續費多少
  - ✓ 提幣需要手續費，餘額不可低於手續費

  於是我們在提幣的第一頁，以最顯眼的區塊提示：

- **轉帳所需要的時間**
- **提幣不可撤銷**
- **提幣完成會有通知**
- **提幣需要去郵箱確認**

  然後在提幣頁面裡面，再次提醒一次。一旦發起提幣不可撤銷，有最小提幣數量限制。

- **階段三：完成提幣**
    - ✓ 使用者只跟客服抱怨他的幣沒到，客服不知道怎麼幫忙他處理（需提供轉帳 TXID）
    - ✓ 轉帳完成沒有通知

　　另外，關於提幣這一類的功能，使用者可能有很多疑問。讓用戶去幫助中心翻找不實際，所以我們直接在提幣記錄下，挑選展示了被客服回答的六條 FAQ。並且提幣完成之後，會有郵件通知。

———

跑 Onboarding UX 的好處

　　我們的產品體驗至少可以領先同業三個月。是因為同業修正問題，都是客戶重複抱怨可能十數次之後，才做的改進。

　　而我們的作法截然相反。我們透過一系列的問卷問題，提前把用戶會在真實場景遇到的問題，提前重現出來，並且進行體驗上的修正。整個迴圈不斷的：

- **補 FAQ**
- **修正啟動流程**
- **修正 Landing Page**
- **找出 ah-ha moment（使用者開心的那一刻）**
- **在啟動點，附上小小「最佳指南」讓使用者通往正確的道路**
- **在容易被卡住的地方，拉用戶一把，避免用戶掉入最差體驗**
- **埋資料工具，建立查核點，偵測用戶是否執行「正確」或者「失敗」的動作。**
- **提早拿到用戶回饋，針對「抑制增長點」的體驗，進行大幅修正**

PART 9

以用戶為本的設計迭代

除了 Onboarding UX 之外。OTCBTC 設計上線的
模式，與一般其他團隊也是不太一樣的。

我們團隊並沒有龐大的 UX 設計師團隊，但是可
以上線 UX 設計如此迅速的兩個關鍵原因在於：

· 重構式開發，UI 與 UX 平行開發
· 對話式設計

9-1

重構式開發：UI、UX 平行開發

我們的團隊跟其他團隊，組成結構類似。很多程式師，但是設計師不夠多。於是我們是採取這樣的開發模式：

- 由程式師先完成根據 User Story 基本的動線。
- 確定完成有價值的軟體後。
- 一版一版的重構成上線軟體。

實際專案的規劃步驟如下：
- **Step 1:** 程式師完成主線，有基本的動線操作
- **Step 2:** UX 設計師重構新的介面，根據流程重新佈局體驗
- **Step 3:** 根據 Onboarding UX 精修細節

重構式開發的好處

這樣的好處在於，程式師不需要花費時間考慮細節，也不需要等待 UX 設計師的設計稿才能動工。甚至時間直接趕一些。甚至可以直接 STEP 1 跳到 STEP 3 去。

9-2

對話式設計：迅速作出高可用 UX

而我們 UX 設計師，也自行開發了一套 UX 設計框架，加速軟體的開發。這套框架，甚至可以讓程式設計師迅速做出高可用的 UX。

═══════

對話式設計的起源：挑戰創新

一般來説，參考其他行業模式打造的產品介面比較容易。因為做產品時可以「模仿動線」。比如説 2016 年時做全棧營，當時世界上線上課程系統已經很成熟，所以基本功能很容易找到參考基準點，不需要自己重新發明介面。而 ico.info 做的是幣版眾籌平臺，業界也有 Kickstarter 可以參考動線。

程式師在做第一版 UI 時，比較輕鬆，只要克隆別人流程改成相似的就行了。

當時我們在做 OTCBTC 時，UI 介面難度也不太大，可以參考 Localbitcoins，遊戲寶物交易平臺，淘寶等等，很容易拉出基礎的動線流程。

不過，當我們開發新業務時，就遇到瓶頸了。我們其中一樣新業務：「借貸功能」。因為全世界沒人做過數字貨幣的借貸，所以團隊在開發動線流程時，相當苦惱。

這個業務的核心流程是：用數字貨幣做擔保質押法幣借款，並且在平倉時自動交割，是一個沒太多人做過的新產品。

針對新業務流程，要怎麼對嶄新概念做出高易用的 UX ？

當時這件事也逼瘋了我們設計師。

=====

對話式設計：每一個場景都是一個對話

這個借貸項目，設計師光是自己草稿夾內槍斃掉的介面，就好幾版。就連自己勉強滿意的，產品會議展示給同事們，也被槍到不行。

不過沒想到我們公司設計師特別厲害。崩潰了幾天後，竟然倒逼催生出一個厲害的設計方法：對話式設計。

每一個交易視為一場對話

「對話式設計」的基調是：「我們應該要把每一個場景，每一個交易視為是一場對話。」

比如説傳統的消費場景：消費者進入一個商店想買東西。比如是因為需要結婚，需要採購一套西裝。

- 商家就會問：那你要黑色的還是藍色？
- 消費者回答：我要黑色的。這一套多少錢？有沒有提供訂做服務？訂做要花多少時間？

網路產品，應該也是類似的原理。

產品 UX 本質上，應該是一場又一場的對話。

很多產品之所以難用，背後主要的原因，是因為用起來像是「演說」。後面有一股濃濃的「我有我想說的事情，想一次倒給你，但你說什麼，對我來說其實不是很重要」的味道。

====

UX 開發上的流程斷裂

而且，絕大多數的網站開發狀況都是這兩種狀況：

後端工程師把功能寫完了，找設計師進來 "漆牆壁美化" （前端設計師抱怨，怎麼美化啊？沒有靈感）

前端設計師先把稿做好了。讓後端工程師套版。（後端工程師抱怨這 UX 根本做不出來，太多不必要的過場動畫。或者是 "憑空發明不必要的業務"）

前者的問題會造成前端設計師被 "既有資訊" 綁架（也就是會下意識把主要任務，視為資訊上的排版。而不是展開業務）

後者的問題在於前端設計師不關心也不理解業務，只關心過場 "體驗"，但這個體驗並沒有奠基在 "解決使用者的真正業務問題"

所以，最後產出的產品很容易淪為「一場演說」，或是彆扭的四不像。

====

9-3

對話式設計的具體步驟方法

以下我們具體用借貸功能介紹，對話式介面是如何被設計出來的。

———————

第一步：寫下腳本

設計師把原先程式師寫的介面都扔了。重新在空白地方上寫下腳本。

第二步：將資訊分成兩堆

- 我所關心的訊息
- 接下來我要做什麼

第三步：具體細化操作步驟

第四步：做無色排版

在此步，不對資訊做上色處理。只對資訊的權重做大小與排列。

第五步：上色與排版

在這一步。對 "BY THE WAY" 的訊息刷灰處理。對使用者關心的金額"上綠色放大"。然後再作一些排版優化。

對話式介面與傳統介面的差異

乍看新設計用的顏色非常簡單。排版元素也非常簡單。但是做出來
介面讓團隊很吃驚。不僅一次就過。易用性也是高的驚人。

我們對比一下被槍掉的設計。與對話式介面的差異

被槍掉的設計　：

一次就過的設計：

前者怎麼樣看怎麼怪。

> **這當中的差別在於，前者是僵硬死板的演說，**
> **後者是互動良好的對話。**

以前我們都認為 UX 非常難。經過這次的經驗，我發現原來問題癥結點在於以前把原始出發點想錯了。

傳統開發產品的流程換成大白話來說是：「我有話要説，你得按照我的方式做」、「我有這些資訊，我排得很好看，讓你欣賞，你看不懂是你傻逼。」

而忽略了產品實質是一場雙方對話。既然是對話。那這就與排版無關。而是一場雙方資訊交互，你來我往的過程。

9-4

上線後的 UX 設計：從客戶回饋取得即時性的改善

重構式設計與對話式設計，是屬於上線前的體驗設計。

這一小節我們要談談，上線之後怎麼樣迭代，達到高留存，甚至高成長。

這也是讀者可能會比較好奇的部分。上線之後要如何持續修正自己的產品呢？有沒有什麼秘訣？是要進行資料觀測，還是有什麼不為人知的改進方法。

這方面也是有獨門密技的，只是方向與大家想的不太一樣：客戶服務。

OTCBTC 相較於幣圈其他幣所有很大的不同。就是：

- 我們提供了 Intercom 的線上即時客服工具
- 即時客服保證 5 分鐘內回答問題。2-4 小時內解決客戶問題
- 所有常見問題都可以在幫助中心內自助解決

這樣的客服等級不僅在幣圈絕無僅有，甚至在一般互聯網服務上，都非常少見。很多人問我，怎麼敢提供這樣的服務。這樣壓力不是很大嗎？

———

一天以內解決客戶抱怨，客戶就會變成常客

很多程式師認為，做增長的基礎是「資料觀測」。所以在產品上線之後，就急著想要在產品上面埋點，找到使用者流程斷裂的閉環。甚至認為資料觀測，才是增長的金礦，可以在裡面當中挖到很多不為人知的商業秘密。

我認為這個觀念正確也不正確。這的確是做增長的方式，但那是在產品成熟的後期，才適合用這套方法。

資料觀測埋點，在早期作產品時沒必要，流程與核心體驗還不夠完善，所以不適合。

> **如果你想要知道產品有什麼問題，直接問用戶就行了不是嗎？**

如果不敢問的話，其實客服信認真看，也有同等作用。

我們甚至更極端的，使用 Intercom 即時對談工具，而非 Zendesk 客服信的原因，在於 Intercom 的回饋更即時。

你可以把 Intercom 視為線上程式碼偵錯。可以馬上讓你知道「生意上的錯誤」，並且馬上修正。一周修復與一天修復與一小時修復，對用戶的感受是截然不同的。

這是 Zendesk 所做不到的。很多創業者，因為懼怕客戶壓力，採用郵件方式做客服。一來一往，要修復一個問題溝通至少要一周，使用者耐性都沒有了。這個客戶自然而然就流失了。

這是為什麼我們堅持使用線上對談工具的原因。因為在客戶服務界

中，只要你一天之內可以解決問題，或是有一個令人安心的回答。那麼使用者轉換成留存客戶，是有相當大成功概率。

即時修復帶來極大的留存率

我們在做全棧營這個項目時，甚至更進一步的增強了我們的回饋系統。偵測了幾個資料：

- 學生的打開率
- 學生的交作業率
- 每次作業的學生繳交數

並且讓學生。可以對：

- 教材「吐嘈、回報」
- 甚至對教材表示「崩潰」

利用這個方式，我們能夠在教材的一上線的當天。就知道這次的教材難度是否過高，或者步驟寫作卡關。甚至在頭幾個人剛抱怨，其他人還沒開始上課寫作業前，就把這些「bug」修掉。

這大大降低學生崩潰棄學的機率。

這套學習系統，甚至成果是極驚人的 40% 留存率。（業界一般的課程線上留存率是低於 10%）

———

FAQ 也可以是 UX 的一環

有時候，客戶反應的問題，不是修功能或修 UX ，一天之內就可以解決的。或者是某一些功能怎麼做都是很難讓使用者「秒懂」的。所以我們利用搜集客戶經常抱怨的問題，直接製作了 FAQ，作為了 UX 的一環。

我們內部的 UX 調整標準。是至少這一周不能再出現上一周使用者重複詢問的問題。

———

UX 不只介面，甚至做到說明文件秒懂

有時候，客戶問題甚至與 UX 無關。而是背景知識。比如說幣所的體驗其中一環，是安全保障。

使用者有時候因為密碼與其他網站上使用的重複，被攻破。資產就會造成損失。為了避免使用者被如此攻擊手法入侵，我們會要求使用者綁定二步驗證，確保資金操作上，一定是本人。

但是「兩步驗證」是一個很難懂的概念。但又不得不做。

我們甚至為這件事做了圖文版，並且帶入一個讓使用者秒懂的解釋方法。（其他類似的主題也都有圖文版）

大多數使用者為了便利，常常將不同的網路服務設置了同樣的帳戶、同樣的密碼。這很容易導致在某個地方洩漏了密碼之後，他人可以"順藤摸瓜"使用該帳戶以及密碼，輕易的登錄到使用者註冊過的其他網路服務。

如果要將「密碼」與「兩步驗證」做對比，我們是這樣解說的。密碼就像是「印章」一樣，可能你會在不同網站使用同樣的印章，甚至別人可以偷偷使用你的印章。

兩步驗證就像是「簽名」一樣，只有你本人才能使用。像提幣這種重要的安全操作，就必須要「本人」才可以操作。

當然，我們網站上後面還有更多的說明，這裡用於舉例，我就先點到為止。

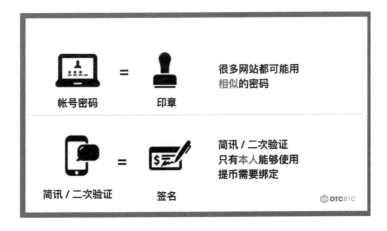

UX 並不複雜，重點在於以用戶為本

許多人對於 UX 這件事，總覺得是通靈，或者是需要技術去量測。但是在我們的觀念與作法裡面，其實並沒有那麼複雜。

- 如果你不知道使用者為什麼會流失，只要看客服信就知道為什麼了
- 如果你不知道介面要怎麼做，想像實體店，你會跟客戶怎麼對話，就做的出來了
- 如果你覺得問題不是做功能可以解決的，說明文件也可以是 UX 的一部份

PART 10

使用者服務

上一章，設計介面的方法裡面。我們提到了客戶服務，是 UX 設計的一環。這一章，我們要談的是，客戶服務，也是營收增長的一環。以及怎麼做客戶服務。

10-1

客戶服務才是營收增長的動力引擎

Intercom 偵錯法，雖然對於介面修正很有幫助。但是業界朋友，還是會對做好客服這件事的價值很存疑。

絕大多數的角度，都是覺得客服是成本，有必要嗎？甚至在初期，就投入「這麼大的人力成本」，是不是值得？

就我的經驗，這是絕對值得的。甚至還要越早期的進行投資。

這要從我幾年前的創業經驗開始講起。

我本來也是一個聽到「客戶服務」就皺眉的程式師。提供「客服信箱」是我內心的最大極限。不知為什麼，放即時客服交談 widget 對我來說有很大的心理壓力：

- **萬一我回不完客服問題怎麼辦？**
- **萬一我人不在線上，漏接怎麼辦？**
- **萬一我答不出來客戶問題怎麼辦？**

一大堆的「萬一」淹沒了我的思緒，導致我對這件事情萬分恐懼。

客戶服務可以捕捉到臨門一腳的需求

但在我開始研究增長這門學問的初期，我瞭解到了一個更為重要的概念。

Growth = Conversion - Churn。

也就是增長，不止要提高轉換率，降低流失率也是很重要的。

我開始開設 Rails 課程後的有一天。我在客服信箱，收到一封取消訂單通知信。要是在以前，接到這樣的取消信，我是絕對不會多追問原因的，學生不報就算了。

但是因為當時在研究增長後，瞭解到「取消訂單」就是 Churn。我想實驗怎麼樣降低 Churn 發生的機率。

於是那次我一反常態，好奇的寫信去詢問：「為什麼您取消了訂單呢？」結果事情是這樣的。

當時 Ruby on Rails 這一門課，要價 27000 元，為了促銷，我在報名頁寫了雙人團報 25000 元。這位同學報名了 27000 元的課程，在付錢之際，才看到了這則特價訊息，於是決定先行取消決定等團報。

我透過寫信問他原因，發現他不是對我的課有疑慮不報，他只是想要等特價。而這位學員說，既然我開口問了，若我願意直接給他25000 元的優惠價，他立馬報名。或者是我主動幫他找團報的同學也可以。

大家猜猜我後來怎麼做？是直接解決這位元單獨客戶的問題嗎？當然不是！

於是我研究了一下，就決定在 Ruby on Rails 社團裡面貼了一則招生廣告。接著在報名頁的 FAQ 上，做了一個 「團報傳送門」連結，

指到這則廣告上，告訴大家可以在這裡團報。

結果。不僅那位同學馬上就報名了。更誇張的事發生了。當天那個班，原本還有剩下 10 個名額。（總報名人數的一半）。加了這個團報連結之後，這個班當場報名就滿了。因為我的這個新的團報設計，瞬間就有 10 個同學付款報名。

我才發現原來報名速度慢，是因為大家原來都在觀望。而如果當天我沒有寄出那封客服信的話，不知道這樣背後的原因，可能招生速度還會慢上不少。

從這件事上我才發現 Customer Support 的威力，很多報名觀望的潛在顧客，缺的就是臨門一腳而已。深挖客服上的回饋則幫我找到了那一腳。

這件事表面上看起來好像損失了一些收入：2000x10=2 萬。但開班的老師，最怕的其實是班沒有滿，而我只做了這樣小小的一件事，就瞬間拉到 10 個學生。

從此，我就愛上作「客戶服務」，我發現這當中竟然可以挖掘到很多沒有自己從來想到的「客戶流失」原因，甚至挖掘出很多隱藏的商機。

═══

低成本的增長工具

而且我自己下來做客服以後，發現我當時對對談工具的很多疑慮都是多餘的。

　的確我沒辦法一天到晚線上上回答問題。但顧客也有心裡預期：既然老闆不線上上，那留言應該也看得到。

　當時我在開課時，每天都可以收到一大堆的問題。而解決這些問題，捕捉到銷售的轉換率相當可觀。有多高？我的經驗是高達 90%。

　我發現幾乎上面問問題的顧客，最後都會下單。如果我本人當下親自在線上的話，甚至可以達到轉換率 100%。因為來流覽的顧客，會對本尊在上面親自回應感到相當驚喜。本來他對下單只有一點點疑問，馬上解決，他購買的意願就會變的無敵高了。

　很多朋友在聽完這個小故事後，會有人詢問類似的服務一個月多少錢？開始猶豫這個服務的外掛服務費用值不值得。

　我的想法是：多少錢都值得？（何況月租才 60 美金）我的課一門課課單價是至少 1000　美金。這一套服務，裝了就能帶來許多銷售機會，何樂而不為？

　其實顧客來到你的網站，表示已經對你賣的東西高度有興趣了，已經差一步要購買了，只差最後幾個疑問而已。如果他願意透過客服系統留言給你，這是你最後一個挽留他的機會，當然要一定想辦法「轉化」他才對。

　而且這樣的客服系統，其實就是對你的核心顧客最好的調查系統。這些客戶回饋當中，甚至可以搜集到他們真正的喜好，偏好的解決方案。甚至以讓你可以有針對性的賣給他他想要的東西。

　在我開課的例子當中，表面上好像一個顧客少賺 2000 元，但是一個小改善，當天我就促成另外 10 單的銷售。

將客服整合進產品

我在瞭解客服與客戶回饋的的重要性後，創建的三個項目，都有很好的客服體驗。以及相對完整的整合機制，將客服整合到產品當中作為改進與增長的一環。

OTCBTC 內部，對於客服的流程改進建議流程是這樣的：

客服會針對每日產生的客戶回饋，整理開成 Github Issue，並且每天會有一個 CS 會議去整理 bug 以及今日市場需求。

所以這是我們有辦法為什麼能夠即時上線關鍵功能，以及馬上調整產品體驗的根本原因。

在創業初期，客服部門是由我們的部分有技術背景運營人員擔任。所以能夠勝任幣所技術客服的責任。但是隨著組織擴大，必須招聘沒有技術能力的同事擔任單純客服。

於是我們也撰寫完善的 SOP 處理原則。目的是讓沒有技術背景的新手，能很快上手提供複雜的產品服務的諮詢。

10-2

顧客的回饋誕生新的創業 Pivot 方向

我一回臺灣開設增長議題時，我因為想推廣增長這門技術。真正想開設的是針對開發者的技術工作坊。但是市場需求好像沒有那麼高，我也不確定臺灣當地有沒有這樣的需求。

後來我回臺灣分享了一次簡單的增長演講。然後有聽眾抱怨，增長這門技術，技術面的東西太雜太難了，建議我可不可以把這個主題包裝得簡單一點？

所以我把難度降的很低，降到「一般人不懂技術也聽得懂」。竟然這個技術講座的票就瘋狂的大賣。增長這個主題的班，我在半年短短就開了十七班。

在我開設專案管理班的時候，原本針對的目標族群是專案經理與程式師。但很多觀眾也反映，是否我可以再多設一個小型創業的專班，或生活上的具體專案管理。

我在這些客戶回饋中，挖掘到我意想不到的市場，以及有真實需求（消費者願意付錢）的題目。

10-3

FAQ 也可以成為有效的銷售工具

其實，不僅是對談工具可以促銷，FAQ 也可以促銷。

我開設的的 Rails 課程班，一開始時，轉換率也沒有很高。因為這個班的結構實在太特別了。那時我在信箱最常收到的疑問是這個問題：

「Rails 即戰力班是開 4 次，然後每次 3 小時，收 30000 元。但別人都是開時間很長的 Rails 養成 班，而且是連續開 3 個月，或者至少 8 周。為何我可以開這麼貴？時間又比較短？到底厲害在哪裡？」

我從線上客服，發現每個人猶豫的點幾乎都是這個問題，顧客都會問這門課跟別人有什麼不一樣？

於是，我就知道必須在第一階段就嘗試解決這個顧客疑問。

後來我就在 FAQ 加了這兩段：

Q 這個班跟其他的 Ruby on Rails 班有什麼不一樣？

A 我個人非常注重養成學生的實戰能力，所以我不會教職場上無法用的到的東西。曾經跟我學過 Rails 技術的開發者，很多都已經變成國內非常頂尖的 Rails 開發者了。而且他們成長的速度都非常的快，平均 1-3 個月就有辦法從完全沒寫過程式，到自主開發功能或者是產品。

這門課是專注於就業導向或做產品，不是教虛無縹緲的「理論」。我擁有非常多產品實務開發、深厚專案管理經驗，甚至「面試」以及「培養 Rails 開發者」的經驗。所以基本上學生的疑難雜症，我都有辦法給出精確的建議與方向。保證不浪費你的時間。但建議學生也投注一定的時間「練習寫程式」。

Q 這個班比起別人的 Rails 班時數少很多，這樣有效嗎？

A 上課內容貴精不貴於多。其他高時數的班內容很多在講解，以及練習「網路上就找得到的免費基礎內容」，如果你希望學這一類的基礎內容，我有一個免費的線上課程 Rails 101。參加這個就好了，不需要多花錢。

本班的上課內容，90% 比例在於「真實戰場上的經驗」，從如何做軟體規劃開始（這是多數初學者的障礙），到映射到整套 Rails 架構的設計，結訓產品是實際上線的商務網站。這是其他課程所沒有辦法提供的。

此外每週上課的 3 個小時，我們專注傳授核心心法架構（在業界才學得到，前輩還未必想教你）。實際下課後還有回家作業，學生還需寫上 3-6 個小時（有解答）。也提供助教會在 slack 或實體 meetup 的 office hour 解答，實際上是一個月會花上約 36-40 小時在學習。而且學的都是最精華的技巧。可以少走很多冤枉路。我相信這是同學最想得到的結果。

這個班已經畢業了幾十個學生，相信你去問上過課的學長們，每個都會跟你講內容是太多太扎實，不是太少。

降低疑慮，增強信心

我把這兩段答案貼上去後，就再也沒人問這個問題了。不僅如此，在此之後開放 Rails 班都是秒爆滿。

用戶原本是來解決心中疑惑的。結果反而在 FAQ 當中，找到意外的驚喜之處。

我們在做增長的時候，有一個口訣原則：「降低疑慮，增強信心。」

所有細節，最少要做到「降低疑慮」，或者是「增強信心」。但能夠同時做到，那就更威力無窮了。

PART II

開動你的增長引擎：
Referral

我們花了整整兩個章節，在談客戶服務的重要性，這是有原因的。

很多創業家最常有的疑惑：當項目上線完成第一版後，我們如何開動自己的增長引擎？常見的問題包括：

- 什麼是可以最大化增長的方式？
- 什麼時候可以啟動最大化增長？
- 如何最大化增長？

創業家內心往往對於這個題目有一個「增長式套件」的幻想。世上一定有一個絕世武器插上去，馬上就可以爆發性增長。

我的經驗是，雖然我也很想找到這套武器。但是，外掛這東西其實不存在。甚至比較精確的來說，增長引擎，並不如同各位想像是一個外掛。如同它的名稱一樣，更像是一個內建引擎。

11-1

曝光對創業產品不是糖果，是毒藥

以直觀的角度來看，單次性的曝光（如同下廣告，微信公眾號曝光），也許是最快速最暴力增長流量的方式。

但以增長學的角度來說，這樣的方式對 Startup 來說，卻未必是糖果，反而是毒藥。

怎麼說呢？

每個人對新產品都有一次機會。如果你在第一次展示時就搞砸了，那麼用戶給你第二次的機率實在是無比之低。假設你的使用者總池子最終規模能達到一百萬人。但是如果你在最草版本（也就是剛上線）的狀態，就已經曝光給 30 萬人使用（也許搭上一個大 event）。

那麼，可以說，你這輩子在這 30 萬人面前可能再也沒有第二次機會了！

這很可能不是創業者想要看到的結果。

那麼，什麼時候才是最佳時機，以及最佳管道呢？

增長最好的管道，反而是推薦

讓我們回想看看。還有什麼管道是，除了電視上的廣告之外，你一得到新產品的消息，馬上就會自動信任，手刀下單的呢？

答案是「朋友」。

不管是最新的手機，電玩，甚至很貴的包包。有時候甚至你沒有親眼自己親手測過。但是因為朋友買了、測了。這也是你一直想要買的東西。所以立刻就刷卡買了。

所以增長最好的管道，不是曝光，反而是推薦。

- 不需要花你半毛錢行銷費用
- 一個客人可能有非常多朋友（網狀效應）
- 舊客人推薦的新用戶，對品牌建立信任的成本很低
- 推薦過來的朋友全是精准用戶

═══════

先有留存，才有推薦

那麼，又是什麼樣的客戶才會推薦你的產品給你的朋友呢？

這個問題，我們可以反過來想一想。什麼樣的情況，我會把一個產品或一間餐廳主動推薦給朋友呢？

- 我自己至少用過 1-3 次
- 品質至少還 OK
- 自己覺得這個產品應該適合朋友
- 太好了 …（比較少見）

總不可能你自己都沒用過，就盲目推給別人吧。這樣的機會簡直是微乎其微。

這就是為什麼我們花了許多篇幅，一直在強調拉高留存率以及客戶服務。

你必須先得有高滿意的留存客戶，才能：

- **提高個人用戶消費額**
- **有動力推薦給其他人**

II-2

NPS：增長界的聖杯問題

在做推薦系統時，我們會用一套框架 NPS。來決定何時可以開始啟動推薦增長。

NPS 全名是 Net Prmoter Score，大白話翻譯：「客戶願意幫你傳播的分數」。

NPS 這套方法極度簡單。只問一個問題，「你會不會推廣這個服務給朋友，為什麼？」以 1-10 分為衡量。1 分為完全不可能，10 分表示極度推薦。

別小看這個問題。這套框架在增長領域被譽為聖杯問題：聖杯問題（The Ultimate Question）。如果你只能問客戶一個問題，那麼問這個問題就夠了。

───

NPS 的打分方法

當你搜集完 NPS 的問卷後，請這樣分類：

• 9-10 分是願意推薦產品的人。

• 給 7-8 分的是中立者，對這個產品滿意，但不會主動推薦，除非有人問起。（因為小部分不是很滿意）

- 1-6 分是反推薦者，因為產品沒有給自己帶來實際的好處，或者體驗很差。

NPS 的計算公式：

> **(推薦者人數 - 反推薦者人數) / 總回收問卷人數的「百分比」**

比如 100 個人填寫問卷，60 人推薦，10 人不推薦，30 人中立，那麼 NPS 就是 50%，也就是 50 分。一般來說，有達到 Product Market Fit（還記得我們前面所說的 PMF 嗎？）的服務，NPS 會在 20 分以上。

- 30 分是 Good
- 50 分是 Great
- 70 分是 Excellent

一般來說 30 分以上的產品就適合開始進行推薦計畫了。

50 分就是口碑極好。70 分以上只有一家常勝軍做到，叫 Apple，到達這個分數已經不太科學了。

NPS 之所以被稱之為聖杯問題，是因為只要用這一題就可以：

> **找出「你的產品服務為什麼口碑散不出去」的真正原因。**

NPS 能夠收集到「無法成長」的洞見回饋

大多數人做意見調查的方式，是問上一大堆問題，每一題的評分等級都是 1 ～ 5 分，這樣的問卷其實沒有什麼實際效果。

因為除非你提供的服務很爛，才可能會寫到 3 分的客氣效果。比如說假設現場服務員很殷勤，但又追著你要問卷，現場你就不敢填 3 分。因為你怕一寫 3 分就走不出去嘛。這樣的問卷其實收不到效果。

但是若是把問題改成「會不會推薦這個產品給朋友」這麼具體的問題。回收回來的答案，就會很直觀。因為這個問題的答案：無關「服務好壞」，而是為什麼「我想推薦」或者「我不想推薦」。

一般來說。當我們回收這些問卷。只需要關注 7-8 分的顧客意見。其餘的客戶意見可以壓後再說。

為什麼不是 9-10 分的顧客？因為他們已經願意推薦你的服務

為什麼不是 6 分以下的顧客？會打到 6 分以下的顧客，通常對你已經很生氣（因為各式理由）。短時間你也沒辦法讓他滿意。

而打 7-8 分的顧客，只需要你輕輕的修正「不願意推薦」的問題。他們立刻就願意幫你到處宣傳，當然要從這一塊人開始下手！

———————

為什麼根據 NPS 的意見修正產品？

創業公司有千奇百怪、堆積如山的改善 feedback 需要做。但是 Startup 也意味著資源稀少。不可能什麼人什麼角度的 Feedback 都照單全收。當我們按照 Onboarding 把該修的體驗完善的差不多後。其

實只做到了第一步：

> **產品是夠好，但是還不夠好到讓顧客推廣。**

項目一開始，顧客提的意見可能都是偏產品功能缺失，或者是產品功能、畫面流程的問題，要修復很簡單。因為「只需要補正」。

但做到一個程度後，顧客提的意見會變成這種類型：

- **要是你們能連帶附加 XXX 功能就好了**
- **要是你們費用再便宜一點就好了**
- **我覺得你們做 YYY 市場也挺有機會的，要不要考慮看看**

這時候團隊會變得很為難。一方面增長遇到停滯（不管是資料或是收入），一方面使用者提的方向開始千奇百怪。這時候產品的階段屬於 PMF，也就是滿足了絕大多人的「功能小集合」。

但是一個產品，可能面對的是不同市場，不同價位的人群。

有時候你會發現 6 分以下的人，不是不喜歡你的產品。而是他覺得你的產品「不適合推薦朋友」，因為他心目中的產品方向，與你目前產品的方向，實在差距太遠。

創業公司無法討好所有的客群。所以這部分的方向，你可以先記下來。但是暫時不需要往這個方向走過去。

II-3

使用「推薦計畫」增長的前提

我推薦創業團隊啟動推薦計畫，一定得在以下條件下啟動：

- **產品一定要已經 Product Market Fit**
- **產品要 Net Promoter Score 夠高，才有辦法啟動，甚至「才不會造成反效果」**

否則不但啟動不了，反而還容易引火自焚。

―――

產品一定要已經 Product Market Fit

為什麼要 Product Market Fit ？ Product Market Fit 後，通常代表你提供的服務已有「穩定的服務品質」，穩定的利潤。

要做推薦計畫之前，產品品質一定要維持一定，否則口碑行銷容易出事。（消費者總不希望推薦朋友去使用一個服務，結果那個服務砸鍋的太慘，連帶把自己的信用也搞砸的吧！）

推薦計畫也是廣告的一種，成本結構還沒穩定。不成熟的推薦計畫反而造成公司大虧本，一開動反而元氣大傷。

―――

產品要 Net Promoter Score 夠高，
才不會造成反效果

銷售之神喬吉拉德曾經說過：

一個負面口碑得要五個正面口碑，才能夠抵銷。

所以你不會想要在負面口碑還很高的情況下，就啟動推薦計畫的。

II-4

OTCBTC 的增長計畫

OTCBTC 的開發週期是這樣的：

- 第一周：拼命創造深度
- 第二周：優化賣家體驗
- 第三周：降低客訴率
- 第四周：進行推廣活動

推薦朋友使用，就贈送比特幣！我們上線一直忙到第四周，才推出推薦活動。

這麼晚才推出推薦功能，背後的原因有幾個：

- 我們想盡可能的打磨核心，確保核心體驗是人人滿意的
- 我們每一周都在測試 NPS。到了第四周，我們的 NPS 上升到前所未見的 70
- 當時幣圈的龍頭「幣安」的 NPS 才 20，而絕大多數幣所的 NPS 是負的

這時候我們才安心的上推薦功能。

NPS 高以後的變形推薦

也因為 NPS 極度的高。使用者竟然開發出我們想像不到的玩法：

每當 OTCBTC 公告更新，使用者就複製一則站方公告，尾端附上他的推薦連結，轉發到微信群裡面。這樣就不容易被人單純視為是純發廣告，然後踢群。

========

千一實質是另外一種變形的 Referral

我們開站時，有一個永久千一會員活動。

「永久千一」活動是，站上會員即日起只要成交超過 2000 塊錢的訂單，超過五筆。就送一個千一永久資格，限量 200 名。

千一會員本身是一個極其精妙的設計。讓許多平常本身沒有賣幣的使用者，為了想要刷出資格，各自在微信群裡面找朋友「互相刷單」（甚至自己貼手續費）。所以 OTCBTC 的使用者數量暴漲。

另外，之所以會需要成交超過五筆。在矽谷外送服務 5by5 的活動裡面，我學到了需要讓使用者變成常客「養成習慣」，所以我設計活動門檻就是五單。

OTCBTC 的賣幣掛單服務，對很多使用者來說，是一個全新流程服務，即便我們 UX 再怎麼順暢，也是需要學習成本。

我利用這樣的特惠活動，一舉強迫養成使用者的「使用習慣」，當他們用了五次之後，原來不懂怎麼賣幣的人，也被強迫懂得賣幣了。而且，大量的使用者變成賣家，加速了我們的賣家 UX 回饋迭代流程。

當時 OTCBTC 一舉成為幣圈體驗最好的 OTC 幣所。

很多人以為 OTC 幣所是一個不競爭的行業。錯了，當時那一兩個月，有一兩百家 OTC 幣所開業，只是 OTC 幣所的門檻太高：

* **要有買賣家深度**
* **要有信譽讓人願意存幣**
* **體驗要好到能夠順利成交**

否則 OTC 幣所開張一個禮拜就倒，是很正常的事。我們利用了這個活動，一舉多得，打下了深厚的用戶 base。

與發行 Token 綁定

後來，我們又決定發行站上的 Token 代幣。規則又與成長綁定。

* **凡是千一資格的用戶，能在第一階段有 50 ETH 的兌換資格額度。（作為早期支持獎勵）**
* **發佈廣告且成交每一筆 5000 CNY 等值訂單者，第二階段「兌換上限額度」多 1 ETH。**
* **邀請朋友進 OTCBTC。朋友「發廣告的成交每一筆 5000 CNY 等值訂單」，第二階段兌換上限額度多 0.2 ETH。**

此舉一口氣又將日營業額，一口氣沖到超過五千萬人民幣。此時我們才開站一個多月。

從開站第一天的營業額 38 萬人民幣，一個多月後成長 100 多倍。

每天增長 7%

知名的創業孵化器 YCombinator，內部被培育的創業公司，都被明確要求一件事：增長。

一個好的增長速率是你的創業公司每週增長 7%。如果你的的創業公司沒有到這個速度，每週只有 1%，那表示你的的創業公司可能哪裡做錯了。

> **YC 建議創業公司應當將心力全部放在增長上，其餘都不重要。**

因為當你的公司不增長，其餘都是白費力氣。同時，如果你把精力都放在成長，甚至問自己和整個團隊，我們這周要怎麼做才能成長 7%，那你的團隊就會上下同心。

因為製造一次的 Event，玩一次巨量成長很簡單，但如果條件是周周都成長 7%，你就無法老是搞這招。這會促使你時時都會思考，長期與短期的成長策略是什麼，你就不會浪費時間在無謂的事情。

每週 7% 看起來不是很多。但是如果每週都能成長 7% 的話，一年的成長量級也是 30 幾倍。光是這樣的成長，就很令人羨慕了。

這一切看起來似乎很費工，但實質來説，卻是最快增長也相對難以被攻破的競爭優勢。

PART 12

打造高成癮性產品

促成高成長高留存的服務，除了 Referral 策略外。另外一個可以進攻的領域，是將產品打造成高成癮性產品。

一個產品要做到高易用度，就已經很難了。更何況做到高成癮性。而且高成癮性，對高成長有什麼幫助呢？

上癮型產品能促成三件事的發生：

1. Growth （高成長）：病毒傳播
2. Engagment （高接觸）：回訪率
3. Monetitization （願意付費）：變現機會大

所以，光做到易用度留存度高其實並不足夠。更進一步的聖杯是打造高成癮性產品。

12-1

打造成癮性產品

- Growth （高成長）：**病毒傳播**
- Engagment （高接觸）：**回訪率**
- Monetitization （願意付費）：**變現機會大**

這三件事簡稱 GEM。非常容易沖出能夠指數型成長的公司，不但頻次高，還容易增進 Customer Lift Time Value。

只是，將產品改造成成癮性產品。這個步驟必須是上線之後，才能做的打磨完善。於是我們放在本書的倒數章節進行介紹。

打造「成癮」產品這件事，對一般團隊來說，似乎很困難。

我們之前在 Onboardin UX 這個章節曾經有談過如何人工製造使用者的「習慣」。

- **Step 1: 消除疑慮與挫折**
- **Step 2: 立即傳遞價值**
- **Step 3: 獎勵期望行為**

只要重複這個套路幾次。使用者就很容易建立起習慣回路。

行為學家 Nir Eyal 出了一本書，名字就叫《Hooked》（鉤癮效應）。當中敘述了人類上癮的迴圈：

> *HOOK（勾起興趣）= TRIGGER（製造契機）*
> *→ ACTION （進行動作）→ REWARD （得到獎賞）-> INVESTMENT（重新投資）*

放一把火，騷起癢處，再提供解決方案，使用者得到獎賞後，促成某些行為。再利用這個行為，製造下個觸發點的產生，以達到建造下個回路的結果。

「上癮」與「習慣」在「理論層次」上的關鍵差別於在 REWARD（得到獎賞）的設計重點：

> **如果這個獎勵是變動的，使用者會被勾起興趣，不斷的想迴圈嘗試。**

仔細想想你在遊戲過關開寶箱時候的場景，每次是不是都期待開出不一樣的東西？

12-2

成癮型的 Onboarding 套路

當然，成癮型產品不是單純只有變動獎勵這麼簡單。有一套流程與步驟的。

這套流程與步驟不存在產品界。而在遊戲界。（實在沒有人在產品界談成癮，但是遊戲界人人都在談成癮）

一個遊戲通常會分成四個階段：

Discovery → Onboarding → Scaffolding → The Endgame

遊戲設計師會在遊戲設計中遵循這樣的設計套路。確保玩家在這個過程中，逐漸養成對遊戲的摸索、習慣，甚至上癮。確保每秒鐘都沈浸在這個遊戲裡面。80% 以上好玩的遊戲都伴隨著這個套路。

《Actionable Gamification 遊戲化實戰》作者 Yu-kai Chou 在他其中的一篇博文 "Onboarding Experience Phase in Gamification" 具體拆解了這個過程。

一般的設計流程是：

在遊戲 Onboarding 階段。遊戲會在這個階段植入一個 Epic Calling（使命召喚），讓玩家明確知道遊戲目的是什麼。 比如餐廳類時間管理遊戲，玩家的使命就是開一間厲害餐廳，餐廳可以準時上菜。比如說狙擊遊戲，玩家的使命就是成為二戰裡面戰役的傳奇狙擊手。

接著在前幾個章節，透過一系列小教學關卡，讓玩家瞭解核心玩法，養成「遊戲裡面具體的操作習慣」。

並且透過小成就，讓玩家取得第一次的 ah-ha moment（小勝利）。

以狙擊遊戲來說，就是在第一章的關卡，會透過一些小系列的事件觸發，讓玩家學習怎麼跑步、低蹲、埋伏、進入掩體、瞄準射擊刺殺。然後在第一關的尾端，安排一個難度比較低的大 boss 讓玩家嘗試刺殺，讓玩家覺得自己當狙擊手，真是超有天賦！

而後在後面的過程中，玩家會逐漸體會到自己有明確的升級。並且會投入心力培養自己的角色。而後引入稀缺這個元素（搜集寶物）。

以狙擊遊戲來說，在遊戲進行過程中，玩家學會闖關後，下一步的精力，會花時間在培養自己的角色，針對自己擅長的打法，去升級屬性、升級槍枝。調整自己身上背的槍 SET，改裝槍的零件，提高射速與子彈攜帶數量。

然後，在闖關過程中，無意中會找到一些稀有寶物，以及觸發一些徽章。有一些玩家甚至於執著在不斷的重玩，以取得金牌獎章。

當中，不斷出現的意外驚奇，也會掀起玩家的挑戰與好奇心。

最後，遊戲在最後面還會提供「社交分享」的元素。玩家會在社群網路上分享自己的擊殺視頻，以及分享自己的徽章截圖。

Yu-Kai Chou 在他的 Actionable Gamification 遊戲化實戰一書當中，分享了他原創的人類行為主要受到八種動機 Drive 所驅動。

- **核心驅動力 1：史詩意義與使命感** Epic Meaning & Calling
- **核心驅動力 2：進步與成就感** Development & Accomplishment
- **核心驅動力 3：創意授權與回饋** Empowerment of Creativity & Feedback

- 核心驅動力 4：所有權與擁有感 Ownership & Possession
- 核心驅動力 5：社交影響與關聯性 Social Influence & Relatedness
- 核心驅動力 6：稀缺性與渴望 Scarcity & Impatience
- 核心驅動力 7：未知性與好奇心 Unpredictability & Curiosity
- 核心驅動力 8：虧損與逃避心 Loss & Avoidance

　　我把成癮流程翻譯一遍，就是：

- **Step 1:** 遊戲目的 --- 史詩意義與使命感 Epic Meaning & Calling
- **Step 2:** 遊戲玩法 --- Routine
- **Step 3:** 第一個小勝利 --- Ah-ha Moment
- **Step 4:** 技能進步 --- 進步與成就感 Development & Accomplishment
- **Step 5:** 角色養成 --- 所有權與擁有感 Ownership & Possession
- **Step 6:** 獨特的寶箱獎章 --- 稀缺性與渴望 Scarcity & Impatience
- **Step 7:** 驚喜的關卡 --- 未知性與好奇心 Unpredictability & Curiosity
- **Step 8:** 體驗社交分享 --- 社交影響與關聯性 Social Influence & Relatedness

　　遊戲設計師，遵循類似的流程與框架。在 Onboarding 階段植入了一個一個的 Drive（核心驅動）讓使用者繼續在裡面不斷不斷的沈浸享受，並觸發新的迴圈。

　　如果你回想自己曾經玩過的遊戲，都是類似的套路。

———————

全棧營是怎麼打造的？

　　2017 年，我曾經打造過全世界最大的程式線上學習 Codecamp「全

棧營」。這個項目在最後結課時，留存率高達 40%，上課的學生背景都是無電腦背景的小白。這個 codecamp，時長總共 2 個月。很多學生對於自己能撐過兩個月，甚至還對程式設計上癮，感到無比神奇。

讓我來拆解全棧營是怎麼做到這一點的。

STEP 1
. . . .

目的—史詩意義與使命感 Epic Meaning & Calling

在報名課程之前，我就將這次學習的目標訂為「脫胎換骨成為下一個想要的自己」。明確定義，此次學習目標，是有辦法在一年內練成有辦法自己結合原有興趣並動手實做產品的全棧工程師。

STEP 2
. . . .

遊戲玩法— Routine

在課程的一開始前三周，我們設計了幾個教學關卡，讓學生掌握寫網站的基本幾個套路。在這個階段，學生已經有辦法搭起一個簡單的論壇成果。

STEP 3
. . . .

第一個小勝利—Ah-ha Moment

然後緊接著，我們舉辦了第一次的線上開發大賽。請學生利用前三周的學習，改版成一個有特色的招聘網站。

這個招聘網站的實做難度並不高。難度在於使用者多增添一些特色功能與裝潢自己的網站。

能夠做成這件事讓學生感受到自己也是有能力的。

STEP 4

技能進步—進步與成就感 Development & Accomplishment

在這個過程中，學生可以感受到自己的學習進度。

STEP 5 & 6

角色養成—所有權與擁有威 Ownership & Possession & 獨特的寶箱獎章—稀缺性與渴望 Scarcity & Impatience

在上課的過程中，參與課程的作業進度，繳交的作業，收穫的獎章，參賽的作品，都會收錄在個人主頁上。

STEP 7 & STEP 8

驚喜的關卡—未知性與好奇心 Unpredictability & Curiosity & 體驗社交分享—社交影響與關聯性 Social Influence & Relatedness

全棧營一期總共有兩次大賽。一次是 Job Listing 大賽，一次是 JDStore 大賽。比賽主要是在挑戰：

- 如何拆分任務以及與隊友偕同合作
- 程式碼實做能力（Github 原碼公開）
- 產品完成度
- 人氣度

這個大賽促成了幾件我們意想不到的的結果：

- 同學們互相觀摩 Github 原始碼，互相進行功能上的學習
- 同學們在論壇上，互相分享教程文章，指導其他同學加功能，順便為自己的作品拉票
- 互相在作品頁面上留言打氣

- 學員在拉票與競賽的過程中,互相吸收到陌生人與親友的打氣與幫忙。充滿驚奇與收穫
- 許多同學甚至上班請假寫程式碼,就為了能專注贏得大賽

========

課後的感想滿是震撼

我們在課後,回收到了高達 94 份滿滿的感想。僅摘錄其中幾篇如下。

第一篇:

參與全棧學習這麼久,你覺得自己和之前最大的不同是?

對程式設計有了系統的概念,之前總是從入門到放棄,這次終於自己能夠做出完整的作品,對於自己學習其它技能的自信心也大大增強了,自己的小創意有了實現的能力,對於程式設計的越來越有熱情。

關於全棧,之前一直覺得自己很全能,什麼都會一點,但是在參加 jdstore 比賽的時候發現,一個人的時間是非常有限的,和他人配合能夠大大的提高效率,大家一起做才能夠在有限的時間內完成理想中的工作量,所以自己會做是一方面,懂得和人配合,團隊之間的溝通也非常重要。

第二篇

參與全棧學習這麼久,你覺得自己和之前最大的不同是?

對任何新領域新知識的學習,再不懼怕,且有比較明確的方式,通

過不斷做小產品，不會通過埋頭坑基礎知識來消耗自己的意志力與對新領域的興趣與好奇心，而是主要以做小東西，讓自己開心為目的，不斷前行，及時在聽到很多牛人前調基礎知識的重要性，我也決定要在保持自己內在戰鬥力和興趣的前提下，去學基礎知識。

解 bug 的過程中，英文閱讀能力有巨大進步，且萌生了想練英語口語，去國外工作的衝動。

第三篇

參與全棧學習這麼久，你覺得自己和之前最大的不同是？

做事前會提前做計畫，並且預留百分之三十的時間。另外會在行動前盤點好手頭資源，每次只做一件事情。

完成比完美重要！不去追求做事的完美，完成第一版之後迅速上線，獲得回饋，用迭代的方法逐步完善作品。

用作品說話！網上的交往作品就是你的名片，因為沒有其他的方法去判斷你，所以如果想讓別人認可你，那就用作品去打動他。

學會與人協作！網路讓我們可以與世界各地的人建立聯繫，要做一個好的隊友，不要做豬隊友，1 ＋ 1 的效用遠遠大於 2，因為協作會激發每個人的創造性，讓協作體中的每個人變得更好。

=======

打造上癮產品沒有想像中的難

我們當初打造全棧營也不是像一般人的想像，寫了腳本「有計畫的規劃出」一個上癮性的產品。

　　而是依循在本書「閃電式開發」上提到的做產品的原則。老實在兩個月開發上線一個產品。然後邊跑 Onboarding UX 想辦法拉升留存率。

- **Step 1:** 遊戲目的—史詩意義與使命感 Epic Meaning & Calling
- **Step 2:** 遊戲玩法—Routine
- **Step 3:** 第一個小勝利—Ah-ha Moment
- **Step 4:** 技能進步—進步與成就感 Development & Accomplishment
- **Step 5:** 角色養成—所有權與擁有感 Ownership & Possession
- **Step 6:** 獨特的寶箱獎章 --- 稀缺性與渴望 Scarcity & Impatience
- **Step 7:** 驚喜的關卡 --- 未知性與好奇心 Unpredictability & Curiosity
- **Step 8:** 體驗社交分享 --- 社交影響與關聯性 Social Influence & Relatedness

　　其實自 STEP 5 後，都是在上線後按需寫出來的功能。

　　後來我們仔細回想，上癮套路其實也是一般人的行為迴圈套路。

- **Step 1:** 有目的與使命去做一件事
- **Step 2:** 掌握基本原則
- **Step 3:** 創造自己的第一個小勝利
- **Step 4:** 明確感受到自己的技能進步
- **Step 5:** 打造自己的技能集與成功道路
- **Step 6:** 創造領域裡面獨特的貢獻，受到社群推崇
- **Step 7:** 幫助陌生人成就，收到的意外回饋
- **Step 8:** 分享自己的經驗，從別人的回饋中學習到更多的相關補集知識
- **Step 9:** 重複 STEP 5~8

　　只是很多互聯網產品，在 STEP 4 之後，是完全斷裂的。

同時，在 STEP 7~ STEP 8 是增長的極大關鍵。但是沒有 STEP 5 與 STEP 6 這個環就堆疊不起來。

所以，在您下次打造自己產品上線後。如果做完 Onboarding 還有餘裕，不妨可以檢視這個上癮增長閉環套路上的環節是否斷裂。

PART 13

閃電式時代的擴張策略

在這一章，我要談談創業題目的挑選。

我一直很怕我的這本心法書帶給讀者一個錯覺，就是無論所有題目，都可以用這一本書當中提到的方法：閃電式開發，然後迅速培育出一支獨角獸。

用這套方法，的確可以做出很不錯的產品。但產出獨角獸，卻是未必。

我必須承認，這套方法並不是完全穩贏的。我在2016-2018 年曾經打造過四個服務，就有一個服務並沒有成功的掀起浪潮。因為那個服務不是一個風口專案。

這讓我得到很大的教訓：「創業必須在風口，切忌平地起高樓」。要能夠迅速增長。我認為題目要有一個時代背景，就是：「風口投機」。這個「風口投機」，並不是大家想像的貶意詞。但做出一個高成長產品，的確跟「投機」有很大的關係。

13-1

創業就是要細分壟斷

2017 年 5 月，我讀到李開復寫的一本書《創業就是要細分壟斷》。裡面提到創業題目的挑選，談到互聯網創業要如何開局，這本書的觀點在於認為「互聯網創業」談的就是「壟斷」。

為什麼要追求壟斷呢？

- 第一，壟斷者可以拿到市場上所有的份額
- 第二，追求壟斷心態，可以把創業者自身逼到極限
- 第三，從小市場先壟斷，非常容易開局

=====

創業投的就是「機」

那麼，創業者要如何開局呢？

李開復認為多數創業者本身都有一個很嚴重的「謙虛」病，那就是覺得自己在幹的事，是「投機」的，因為「投機」，社會觀感不好，就畏手畏腳的。

這反而是錯的。

要知道創業就是要投「機」，就是在時間視窗中，找到一閃即逝的

「社會需求變化」。所以投「機」，並沒有什麼不對的。你反而要時時記得這一點。「機不可失」。

═══════

找「只差最後一哩路」的題目

然而，這個世界是高度疊代的，社會上有很多「需求變化」。怎麼知道什麼題目是適合創業的？一個特徵就是「這件事只差最後一哩路」。

你有一個對社會的痛點解法，很好。

但是如果你要花太多資源去教育市場，那麼這也許就不是你該選擇的方向。

別搞錯，微信的確推廣普及了二維碼，但微信有資本有團隊。一般創業團隊沒有那麼多資源，所以你只能挑「只差最後一理路」的題目去做。

═══════

如何開局：找自己擅長且可以察覺市場變化的題目

再來，要能夠抓到這個「社會需求變化」的局，創業者需要三點特質：

- 你必須要對這件事情熟練
- 你能察覺到市場上變化

- 強大的執行力

許多創業書，不斷的反覆提，創業不要作「自己不熟」的領域。因為你不熟，你就會耗掉很多時間，你就無法察覺到市場上的變化。而且在這個市場上，即便你占了先機，也會被其他更強大的公司滅掉。

―――――

最終目的是 1 → N

要從細分市場開局，甚至壟斷。實際上是為了打造能夠運作這個市場的團隊與模式。在時機成熟時，一口氣放射到下一個連結市場去。

當然，有人聽到細分市場。就會覺得，好，細分市場我也找得到，我也鑽進去。但下面就緊跟來一個誤區，你的細分市場有沒有「下一級的連結市場」。

有時候你可能壟斷了一個細分市場，但這個細分市場沒有下一級市場。所以你的壟斷之路也到這裡停了。

不過也不必感到沮喪。畢竟有 99% 的細分市場，是沒有下一級的連結市場的。所以你要記得 `：

> 創業是得先從 0->1 開局，但你真正瞄準的是後面 1-99 的那個世界。

―――――

壟斷市場的產品哪裡找？

下一個主題就是。那麼壟斷產品的市場要從哪裡找呢？書中建議可以瞄準以下特徵的市場：

- 這個問題很大（在社會上很多人被影響）
- 市場上的需求沒被滿足，供給根本根不上
- 原先做這件事情的成本很高

這就是所謂的風口，一旦你做出這類市場的產品，就有可能得到高成長。

13-2

直接奔著「風口上的戰爭」而去的

而 OTCBTC 當初的就是直奔這個風口上的目標市場去的：

- 這個問題很大一當時整個虛擬幣市場都沒辦法順利上車下車
- 市場上的需求沒被滿足，供給根本根不上 -- 幣圈一夕回到解放前，沒有法定貨幣兌換公司了。大家都用微信土炮煉鋼在交易
- 原先做這件事情的成本很高一在微信上交易比特幣，金額龐大但又有極高風險

一旦你做出這類市場的產品，就有可能得到高成長，雙邊的市集平臺，本來就是一個高成長的發展模型。

當然，當時在幣圈每個人都看到這個機會，每個團隊也能夠選擇做這個題目。

> **但是在那個「壓力極大」的風口之上，誰能搶先蓋出來，並以正確的方式高速迭代，就變成了生死存亡的關鍵。**

這才是「閃電式開發」這套方法的千金可貴之處。

如果少了「風口上」的壓力，或者是當初選擇創業的方向，是一個沒有強勁壓力點的市場。那麼也許用這套方法，可以做出一個不錯的

產品,但未必有那麼強勁的效果。

畢竟,不值得解決的問題,迭代一千遍一萬遍,並不會改變問題的本質。

======

去哪裡找風口上的壓力?

風口上的壓力,未必是大家看到一窩蜂在做的題目。如果是這種機會,建議不要去賭,甚至是看到了才去賭,因為一般團隊賭輸的機會幾乎是 100%。

我所指的風口上的壓力是:

> **這個社會一直在迭代,有些領域科技已經非常進步了,但是有的領域還是很落後,該被「重新發明」而還沒被重新發明。**

有的時候,這種題目太早做,成本太高。比如 YouTube,誕生在 2006 年,剛好就是一個風口期。頻寬的基礎建設剛提升到可以提供影片上的播放,iPhone 又剛發明,允許使用者自行拍片上傳。

有幾個方向是可以去找的部分:

- 什麼領域值得用現今的科技重新發明一遍,可以好上十倍,透過網路效應,利潤又會大上百倍?
- 什麼平臺又是值得重新發明一遍的技術領域?(比如當時的 mobile 重新發明了 PC 上所有領域)

- 什麼領域值得「自動化」，從而可以擠出 10 倍的效率提升？
- 什麼領域的技術雖然已經很成熟了，但是跨界到新的領域，可以產生前所未有的 100 倍效率提升？

13-3

AARRR 已經過時，
風口上有不同增長策略

傳統的增長理論（2013），提出了 AARRR 模型。AARRR 模型提出了一個產品的使用者週期：

- Acquisition 獲客
- Activation 啟動用戶
- Retention 用戶留存
- Referral 推薦計畫
- Revenue 增進營收

強調增長的方向，應該是檢視自己產品的 AARRR 線性漏斗，逐一檢討每一層的效率，達到增長的效果。

但如今這套理論已經過時。矽谷與中國現在進展到下一個「閃電式擴張」的時代。而在這個時代當中，增長理論，則強調：「Distribution（分銷策略）與 Loop（產品回圈）」。

Peter Thiel 有一句名言：「"Poor distribution—not product—is the number one cause of failure."（爛的分銷體系才是失敗頭一號的原因，而非產品本身）」

Dropbox CEO 則認為矽谷太多人以為創業正統觀念是建造一個好產品。但是真正重要的，不只是善於蓋一個好產品，並且善於取得使用者，接著善於構建一個商業模型。雖然大眾所知 Dropbox 有一套厲害的產品。但能夠打下他們江山的是「分銷策略」。

閃電式時代如何增長

那麼這個時代要如何快速增長？

第一個階段當然是在風口打造產品，強攻上去。第二個階段我認為在撐到高留存率後有兩個重點：

- **如何利用現有網路最大化你的分銷**：Airbnb 利用 Craigslist 的例子
- **如何在這個網路上做到病毒傳播**：LinkedIn 利用使用者的 Outlook

從而去建立起網路效應。

網路效應的定義是，當任何使用者增加對其他產品或服務的使用時，產品或服務都會受到積極的網路影響。意思就是當這東西越來越大，其他競爭者就越來越不可能取代你。

以此為依歸，去打造你的成長策略。

比如說 OTCBTC 的策略就是在原有的幣圈微信群組，搭配上舊有的買賣家熟人網路，做到病毒傳播。

13-4

開局戰略：極簡、差異化、自增長

很多人以為厲害的產品，就是要規劃很多功能，才能上線後一擊必殺。其實真正厲害的產品，並不是這麼產出的。

《創業就是要細分壟斷》一書裡面還提到，壟斷產品的特徵是：極簡，差異化，自增長。

這三個特徵，也貫穿了我們全書：

- 極簡一不寫規格，而寫 User Story，只專注在「解決有價值的事」
- 差異化一利用 Landing Page 與 Customer Support 找出細分人群，利用 Onboarding UX 在細節上做出細微的差異化
- 自增長一利用網路效應以及管道上搭建出病毒回路

───

極簡

不寫規格，而寫 User Story，只專注在「解決有價值的事」

使用者關注的，從頭到尾只有：

- 這個專案能不能完成我雇用這個服務的目標
- 能不能讓我短時間秒學會操作

所以不需要其他多餘的功能。

再來，複雜的產品功能，只會讓使用者困惑。一些產品後期有複雜的功能，是按需做完 Onboarding 的結果，並不是初始原因。複雜的功能，也會遇到增長天化板。

比如多數產品之所以無法跨國或跨語系做到增長。是因為 Onboarding UX 是依據各國消費者習慣所客制的。如果產品起始功能太複雜，很難擴張。或者產品過早為某一國家優化（很多小國產品團隊，都有我先在本國打造核心產品，然後推展到其他國家去），就很難在其他國家得到爆炸性的增長。

———

差異化

利用 Landing Page 與 Customer Support 找出細分人群，利用 Onboarding UX 在細節上做出細微的差異化。

產品差異化，並不是特別想出什麼異想天開的話，反而是深鑽目標人群以及使用行為的最終結果。這個結果造成了網路效應以及很難撼動的護城河。

Onboarding 本身的章節就高達萬字，並且自我形成增長閉環。所以這裡的差異化，是指細分目標族群的最終結果。

———

自增長

利用網路效應以及管道上搭建出病毒回路。

產品並不是品質好就是終點。而是要有效撲在管道上。並且使用者的旅程經驗，符合人類本能特性，造成一個一個的增長回圈，達到病毒式增長的最終結果。

13-5

結語

　　這本書的書名：「閃電式開發」，指得是：「在風口上做出正確的創業題目，並且順利的產出專案，並取得高成長」。

　　聽起來似乎天方夜譚。但是這樣的結果，是真的有一系列的方法論的。

　　這本書也是我八年以來開發產品，與創業旅程總結出的方法論。

　　我真摯希望這本書能幫助推進世界上更多團隊，少走更多彎路，且造出更多屬害產品。

【BizPro】2AB539

閃電式開發：站在風口上贏得市場，
從 0 到 100 億的創業黃金公式

作者	Xdite 鄭伊廷
責任編輯	黃鐘毅
版面構成	江麗姿
封面設計	陳文德
行銷企劃	辛政遠、楊惠潔

總編輯	姚蜀芸
副社長	黃錫鉉
總經理	吳濱伶
發行人	何飛鵬
出版	電腦人文化
發行	城邦文化事業股份有限公司
	歡迎光臨城邦讀書花園
	網址：www.cite.com.tw

香港發行所	城邦（香港）出版集團有限公司
	香港灣仔駱克道 193 號東超商業中心 1 樓
	電話：(852) 25086231
	傳真：(852) 25789337
	E-mail：hkcite@biznetvigator.com

馬新發行所	城邦 (馬新) 出版集團
	Cite (M) SdnBhd 41, JalanRadinAnum,
	Bandar Baru Sri Petaling, 57000 Kuala
	Lumpur,Malaysia.
	電話：(603) 90578822
	傳真：(603) 90576622
	E-mail：cite@cite.com.my

印刷	凱林彩印股份有限公司
	2019 年 (民 108) 1 月 初版一刷
	Printed in Taiwan
定價	320 元

客戶服務中心

地址：10483 台北市中山區民生東路二段 141 號 B1
服務電話：（02）2500-7718、（02）2500-7719
服務時間：週一至週五 9：30 ～ 18：00
24 小時傳真專線：（02）2500-1990 ～ 3
E-mail：service@readingclub.com.tw

※ 詢問書籍問題前，請註明您所購買的書名及書號，以及在哪一頁有問題，以便我們能加快處理速度為您服務。

※ 我們的回答範圍，恕僅限書籍本身問題及內容撰寫不清楚的地方，關於軟體、硬體本身的問題及衍生的操作狀況，請向原廠商洽詢處理。

※ 廠商合作、作者投稿、讀者意見回饋，請至：
FB 粉絲團‧http://www.facebook.com/InnoFair
Email 信箱‧ifbook@hmg.com.tw

版權聲明／本著作未經公司同意，不得以任何方式重製、轉載、散佈、變更全部或部分內容。

商標聲明／本書中所提及國內外公司之產品、商標名稱、網站畫面與圖片，其權利屬各該公司或作者所有，本書僅作介紹教學之用，絕無侵權意圖，特此聲明。

國家圖書館出版品預行編目資料

閃電式開發：站在風口上贏得市場，從 0 到 100 億的創業黃金公式 / Xdite 著 . -- 初版 . -- 臺北市：電腦人文化出版：家庭傳媒城邦分公司發行 , 民 108.1
面； 公分

ISBN 978-957-2049-09-9（平裝）
1. 創業 2. 電子商務 3. 職場成功法

494.1　　　　　　　　　　　107023792